RESPONSABILIDADE CIVIL POR DADOS PESSOAIS

Marcus Abreu de Magalhães

AMBRA
UNIVERSITY
press

Publisher: Ambra University Press
First edition: July 1, 2021 (Revision 1.0a)

Author: Marcus Abreu de Magalhães
Title: Responsabilidade Civil por Dados Pessoais
Cover design: Jhonny Santos
Book design: Ambra University Press
Proofreading: Ambra University Press
E-book format: EPUB
Print format: Paperback- 6 x 9 inch

ISBN: 978-1-952514-12-8 (Print - Paperback)
ISBN: 978-1-952514-13-5 (e-book – EPUB)

Ambra is a trademark of Ambra Education, Inc. registered in the U.S. Patent and Trademark Office.
Ambra University Press is a division of Ambra Education, Inc.
Orlando, FL, USA
https://press.ambra.education/ • https://www.ambra.education/

Editora: Ambra University Press
Primeira edição: 1 de julho de 2021 (Revisão 1.0a)

Autor: Marcus Abreu de Magalhães.
Título: Responsabilidade Civil por Dados Pessoais
Design da capa: Jhonny Santos
Projeto gráfico: Ambra University Press
Revisão: Ambra University Press
Formato e-book: EPUB
Formato impresso: Capa mole - 6 x 9 polegadas

ISBN: 978-1-952514-12-8 (Impresso – capa mole)
ISBN: 978-1-952514-13-5 (e-book – EPUB)

Ambra é uma marca da Ambra Education, Inc. registrada no U.S. Patent and Trademark Office.
Ambra University Press é uma divisão da Ambra Education, Inc.
Orlando, FL, EUA
https://press.ambra.education/ • https://www.ambra.education/

A meus pais, Gouvan e Maria Rosa, pelo legado do apreço pelos estudos e do valor da Academia. E à Ana Lara pelo estímulo e apoio na persecução deste projeto.

"La civilisation de l'informatique ne va-t-elle pas devenir celle de l'indiscrétion et de l'implacabilité, celle qui n'oublie, ni ne pardonne, qui enfonce le mur de l'intimité, enfreint la règle du secret de la vie privée, déshabille les individus?"

(A civilização da informática não se tornará aquela da indiscrição implacável, aquela que não esquece nem perdoa, que derruba o muro da intimidade, infringe a regra do segredo da vida privada, despe os indivíduos?)

Deputado Jean Foyer da República Francesa, em pronunciamento registrado no Journal Officiel de la République Française du 4 octobre 1977, p. 5782

Relator da Lei de Informática e Liberdades – Lei 78-17 de 1978

SUMÁRIO

LISTA DE ABREVIATURAS

ANPD - Autoridade Nacional de Proteção de Dados Pessoais

CDC - Código de Defesa do Consumidor

CNPDPP - Conselho Nacional de Proteção de Dados Pessoais e da Privacidade

DPO - Data Privacy Officer

EULA - End User License Agreement

FTC - Federal Trade Commission

GDPR - General Data Protection Regulation 2016/679 EU - (RGPD – Regulamento Geral de Proteção de Dados na versão para Portugal)

IDP - Instituto de Direito Público

LGPD - Lei Geral de Proteção de Dados Pessoais

MCI - Marco Civil da Internet

MLAT - Acordos de Assistência Legal Mútua

RFA - República Federal da Alemanha (Lado Ocidental)

STF - Supremo Tribunal Federal

STJ - Superior Tribunal de Justiça

TEDH - Tribunal Europeu dos Direitos Humanos

UNINOVE - Universidade Nove de Julho São Paulo

PREFÁCIO

Há um mercado estrondoso por dados pessoais; a informação sobre consumidores incrementa bancos de dados e negócios. O uso dessa nova moeda da economia informacional demanda controle e responsabilização. A Lei Geral de Proteção de Dados protege o titular das informações pessoais para que não haja a utilização de seus dados sem consentimento. Mas como garantir o respeito a esse direito? Nesse ponto é que se torna fundamental o estudo da responsabilidade civil associada à proteção de dados. Como calibrar a responsabilização para que não se incentive desrespeitos, mas também que não imponha custos desnecessários à sociedade?

O trabalho desenvolvido com maestria por Marcus Abreu de Magalhães, utilizando-se da abordagem da Análise Econômica do Direito, trata das questões jurídicas da responsabilidade civil por dados pessoais em conjunto com a análise da eficiência dos dispositivos. Temos aqui texto inovador sobre um assunto novo, que certamente contribui para o atual debate acerca do cumprimento da LGPD, bem como para discussões que ainda se desenham sobre o tema.

Prof. Dr. Fernando Boarato Meneguin

INTRODUÇÃO

A Rede Mundial de computadores promoveu completa reorganização na forma de geração, distribuição e acesso a dados. A sociedade transita para a Era da Informação.

Essa transformação significa que a geração de riquezas, a atividade econômica e a atenção das instituições voltaram-se para as informações. O acesso à informação, o cruzamento de dados, o controle do fluxo de transmissão e a possibilidade de aferir e autenticar registros serão determinantes para as atividades humanas nesse novo ambiente social.

À medida em que se firma o novo paradigma social, o relacionamento das pessoas entre si e com instituições igualmente se modifica para se amoldar ao novo núcleo gerador de riqueza, poder, status e reconhecimento.

A humanidade por eras imemoriais subsistiu no modo caçador-coletor. Então – na Revolução do Neolítico – alcançou o domínio da Agricultura e, nos milênios que se seguiram, criou ferramentas para assegurar o arcabouço burocrático necessário à organização de cidades, estados, reinos e impérios.

Nesse período a sociedade desenvolveu o ordenamento civil clássico, próprio dos meios de produção vinculados às terras e à agricultura. O assentamento em cidades exigiu o desenvolvimento do direito de propriedade, do regramento das disputas pela posse, do direito das águas, da organização de registros imobiliários entre outras estruturas jurídicas para a preservação da estabilidade necessária ao aprimoramento daquela comunidade. A transição permitiu o surgimento de complexas organizações sociais. Dinheiro, escrita, registros, controle, leis, tributos, tudo contribuiu para o desenvolvimento da estabilidade, previsibilidade e segurança necessárias à edificação de sistemas sociais cada vez mais complexos.

O Renascimento, por sua vez, exigiu a reorganização do aparato jurídico para acomodar as necessidades dos novos tempos. A partir das Grandes Navegações, prelúdio da indústria, o Direito precisou acomodar a organização de Companhias de Comércio, de pessoas jurídicas com responsabilidade limitada, instituindo transações de direitos mobiliários, títulos de crédito, operações futuras, financiamentos a juros, bolsas de mercadorias, bolsas de valores e demais ferramentas indispensáveis para suportar a passagem para o modo de produção capitalista. Assim, em poucos séculos a sociedade precisou construir aparato jurídico-normativo para assegurar as fundações necessárias aos complexos e abstratos conceitos compatíveis com os novos empreendimentos. A imputação de responsabilidade é elemento crucial desse ordenamento, pois permite que os agentes envolvidos na geração de riquezas orientem suas atividades considerando os prejuízos advindos de danos colaterais decorrentes de seus empreendimentos.

A Revolução Industrial clássica deu-se em duas etapas. Primeiro a mecanização com a ferrovia e a máquina a vapor e, em seguida, a eletrificação, com a linha de montagem e a automação. Depois na fase contemporânea, a eletrônica na década de 1960 seria o marco de uma terceira etapa da industrialização. Nesse momento a facilidade de comunicações e transporte, com rádio e companhias aéreas, tivemos o início do fenômeno da globalização que outra vez transformou o panorama empresarial. Nessa esteira, durante as últimas décadas do século XX, foi elaborado novo aparato jurídico de ordem mundial para acomodar a internacionalização, com convenções, tratados, acordos comerciais, uniões econômicas e todo o arcabouço para regular essas relações comerciais mundiais. Finalmente, estaríamos agora no limiar da quarta revolução industrial com a sociedade digital[1].

---

1   Klaus Schwab (Schwab, 2017, p. 15), economista fundador e diretor do Fórum Econômico Mundial, classifica essas transformações como uma quarta revolução industrial e, ainda, faz menção ao termo Industry 4.0 que teria sido cunhado na Feira de Hannover em 2011.

Talvez sob perspectiva mais abrangente, outros autores arriscaram a vaticinar movimento transformador de natureza distinta, a transcender o escopo da Era Industrial. Nos anos oitenta, Alvin Toffler (1980), em sua obra seminal – A Terceira Onda – descreveu transformações sociais em termos de ondas. A primeira seria a Revolução do Neolítico, a segunda onda, a Revolução Industrial. A terceira onda seria a Revolução Digital, evento transformador de dimensões similares às ondas anteriores, capaz de promover impacto em todos os aspectos da sociedade. A obra previu, por exemplo, a substituição do comércio físico pelas lojas digitais, o teletrabalho, a interação a distância entre pessoas, bem como atividades mais prosaicas, porém relevantes, como o pagamento de contas ou encaminhamento de documentos por via digital.

Ideias similares haviam sido propostas na virada para a década de 1970 pelos autores que cunharam o termo 'sociedade pós-industrial' (Touraine, 1969 e Bell, 1973). Ainda que essa percepção de passagem à sociedade industrial tenha sido alcançada antes da publicação da Terceira Onda, a identificação de que a informática seria o eixo do poder na Era da Informação e, via de consequência, que tal transição seria cibernética, foi apresentada na obra seguinte de Toffler: Powershift (1990).

O advento da tecnologia da informação permitiu, nas últimas décadas, o início da transição da sociedade industrial para a sociedade da informação. Essa perspectiva de nova Revolução, seja denominada Industrial (Schwab, 2017), seja Digital (Inder, 2016), atrai do mesmo modo das revoluções anteriores a necessidade de se imaginar novo aparato jurídico indispensável para regular as relações derivadas dessa economia baseada na produção, controle e distribuição da informação.

Essas ferramentas burocráticas e jurídicas já estão em construção. O debate em torno do ordenamento necessário para enfrentar essas novas questões alcança os diversos ramos do Direito. Tamanha a ubiquidade da informática que não mais se cogita a formulação de um direito digital, mas na incorporação das questões cibernéticas aos diversos ramos do Direito. O Direito Penal por exemplo se beneficiaria com o reconhecimento de lege ferenda de agravante genérica pelos crimes perpetrados por meio informático;

o Direito Empresarial e Notarial, de mecanismos de *blockchain* e autenticação para registros e transações; o Direito Processual, ainda que recentemente recodificado, necessita de normas para acomodar o processo digital; e assim sucessivamente.

Interessam para este estudo os aspectos civis e constitucionais relativos à proteção do indivíduo em face dos novos riscos criados pelo arcabouço cibernético. Ao armazenar informações relativas a cadastros; imagens; localização e trajetos; relacionamentos comerciais ou pessoais; opiniões; acessos; mensagens privadas; score de crédito; patrimônio e renda, os detentores dessas informações passam a alcançar a esfera privada dos titulares dos dados.

A repercussão sobre os direitos civis e garantias constitucionais é evidente. A proteção à privacidade e à intimidade resta muito mais difícil, bem como o alcance dessas entidades sobre a esfera de direitos de personalidade do indivíduo resulta amplificado pelo escopo dessas novas ferramentas cibernéticas. A correta distribuição dos riscos e responsabilidades próprios das novas atividades de controle da informação será relevante para propiciar o melhor aproveitamento econômico do potencial de geração de riquezas e bem estar bem como inibir a concentração de benefícios em prol de determinados agentes em detrimento de danos impingidos a outros segmentos do corpo social.

Desse modo, com o propósito de assegurar aos seus cidadãos proteção contra essa torrente de intrusões propiciada pela dinâmica da vida em sociedade digitalizada, as nações começaram a estabelecer parâmetros para a proteção de dados de terceiros (Lima, 2018, p. 24). A Europa formulou norma específica, o Regulamento Geral de Proteção de Dados – GDPR. Os Estados-Unidos, no plano federal, delinearam política a partir de casos concretos, em especial, em procedimentos sancionatórios contra o Facebook pela *Federal Trade Commission*. Matérias desse jaez, no modelo norte-americano, salvo o que for abrangido pela *Commerce Clause*[2], são de competência Estadual. O Estado da Califórnia, por exemplo, promulgou sua lei de proteção da privacidade do consumidor, a *California Consumer Privacy Act - CCPA*. E o Brasil promulgou o Marco Civil da Internet, em vigor desde 2014; e a Lei Geral de Proteção de Dados – LGPD, cuja vigência se deu com a sanção da MP 959/2020, em 17 de setembro de 2020. Merece anotação a ressalva que as sanções dos artigos 52, 53 e 54 estão previstas para entrar em vigor em 1º de agosto de 2021, nos termos da Lei 14.010/2020.

Essas iniciativas buscam proteger os cidadãos dos danos decorrentes da atividade econômica que se utiliza de dados pessoais como insumo para qualquer tipo de atividade empresarial. A análise de dados pode compor a atividade principal de empresas que atuem com pesquisas de segmentação de marketing, de orientação para campanhas eleitorais, de pesquisa e desenvolvimento de novos produtos, de seguros privados, de investimentos financeiros entre muitas outras.

A onipresença dos dados pessoais na sociedade contemporânea cria risco a ampla gama de direitos individuais. O pacto social se estrutura na capacidade de defender os valores assegurados na Constituição, afinal é exatamente o propósito de estatuir rol de direitos e garantias fundamentais no diploma maior que constitui o próprio registro de fundação da nação.

A manipulação de informações pode ser nociva de vários modos e perspectivas. No panorama internacional, a ameaça cibernética entrou para o topo das preocupações, seja por ataques promovidos por outras nações, seja por organizações informais, terroristas ou subversivas (Magalhães & Sydow, 2018). No plano corporativo, há a espionagem industrial, acessos

---

2   A Commerce Clause, artigo 1º, sec 8, cl. 3, da Constituição dos Estados Unidos, confere à União poderes para legislar acerca de temas que afetem o comércio estadual e tem sido interpretada com grande elastério pela Suprema Corte para acomodar desde leis penais contra o tráfico de drogas até a garantia de direitos civis em casos de discriminação.

privilegiados a empresas e parceiros, antecipação de estratégias comerciais e constrangimentos variados a executivos com fins de intimidação ou coação.

Como exemplo da primeira hipótese podemos lembrar os ataques em Tallinn em 2007. O ataque à Capital da Estônia, ainda que relativamente simples[3], deixou inoperante uma série de serviços dependentes de acesso à Internet e ensejou resposta da OTAN que montou ali seu primeiro centro de defesa cibernética[4].

No plano corporativo, destaca-se exatamente pelo uso de informações pessoais, a violação de e-mails e arquivos dos estúdios da Sony em 2014, às vésperas do lançamento da paródia The Interview, que debochava do Chefe de Estado da Coreia do Norte. O conteúdo dessas mensagens corporativas tornado público pelo ataque revelou desde diferenças salariais entre atores e atrizes, a práticas desleais dos executivos da empresa em busca de oportunidades em Hollywood e em Washington. A divulgação de mensagens com comentários de cunho racistas direcionados ao Presidente dos Estados Unidos culminaram no afastamento de Amy Pascal, na ocasião a principal executiva da divisão de entretenimento da empresa.

Neste estudo, interessa precipuamente o dano no plano individual, os prejuízos na esfera dos direitos da personalidade infligidos quem tem seus dados violados. Com efeito, é cada vez mais comum o uso de meios informáticos para obtenção de vantagens ou para promoção de ataques pessoais. A divulgação de imagens íntimas, mensagens particulares, documentos privados ou pertinentes a grupos restritos causa danos mais ou menos severos a depender do grau de comprometimento da informação. Dados individuais podem ser utilizados

---

3   Ataques rudimentares porque baseados tão somente na inundação dos servidores por DDOS e *defacements* em portais públicos.

4   NATO CCDCOE: NATO [OTAN] Cooperative Cyber Defense Center of Excellence.

para arquitetar fraudes variadas, facilitar o assédio ou atrair retaliações diversas.

A violação dos direitos individuais pode ocorrer de inúmeras formas, sendo as mais evidentes a exposição (intencional ou acidental) de informações, imagens ou metadados; o fornecimento (oneroso ou gratuito) de dados a outras empresas ou entidades; a combinação de dados e metadados distintos para alcançar informações não disponibilizadas por seus titulares.

A exposição de dados armazenados pode se dar por falha do controlador que – por deficiência na segurança ou falta de compreensão acerca da irregularidade de tal conduta – torna públicos dados de titulares privados. Assim, uma empresa poderá difundir informações pessoais, como remuneração, endereço, contatos de seus empregados ou clientes mesmo sem que o setor responsável pela divulgação tenha plena compreensão de estar cometendo irregularidade.

O cruzamento de dados e metadados em massa inaugura campo de atividade cujo potencial apenas se principia a desbravar. As possibilidades de cotejo de dados em bloco oferecem oportunidades para personalizar a oferta de bens, desde o desenvolvimento do produto até a identificação do melhor momento para oferta, passando pela fiscalização do interesse do potencial cliente na concorrência.

Evidentemente, tal invasão na esfera individual atrai a necessidade de parâmetros de proteção e controle. O indivíduo, apenas mais um número na coleção de registros da empresa, será naturalmente hipossuficiente para enfrentar a burocracia própria de organizações complexas.

Sem o amparo de arcabouço legislativo coerente ou da possibilidade de invocar a proteção estatal, seja por meio de cominação judicial, seja administrativamente por agência executiva, o cidadão não encontrará meios para defender seus direitos individuais pertinentes ao tratamento de dados pessoais.

A natureza do processamento cibernético de dados transforma a relação entre o indivíduo e a sociedade. A facilidade de acesso a dados, sejam armazenados por grandes organizações, sejam disponibilizados por terceiros provedores de informações, altera o balanço de poder.

A novel legislação voltada à proteção dos titulares de dados cria plexo de obrigações aos provedores de aplicação, controladores e operadores de dados. Os agentes de tratamento de dados assumem responsabilidade pela proteção das informações, seja por meio da vedação ao compartilhamento irrestrito, seja pela imposição de regras e prazos de armazenamento, ou, ainda, por conjunto de medidas de transparência e governança para assegurar a observância das garantias individuais. Essas obrigações diretas e acessórias exigem das empresas diligências ao longo de toda a cadeia de transmissão de informações e eventuais falhas ou omissões poderão ocasionar a responsabilização civil.

A sociedade caminha para maior uso de dados pessoais e maior integração entre diferentes organizações, não raro submetidas a ordenamentos jurídicos distintos e com diferentes perspectivas acerca dos direitos e interesses individuais envolvidos.

Investimentos são direcionados para tecnologias para ampliar tanto a velocidade de troca dos dados (instalação de cabeamentos em fibras ópticas e redes móveis de 5ª Geração) quanto o volume de armazenamento e tratamento da informação (investimentos em sistemas maiores e mais rápidos ou mesmo tecnologias de processamento quântico).

Neste trabalho pretende-se enfrentar o problema da responsabilidade civil por dados pessoais. A pesquisa parte dos direitos e garantias dos titulares de dados para em seguida analisar as respectivas obrigações das organizações que se utilizam de dados de terceiros. No Brasil, o Marco Civil da Internet - MCI e a Lei Geral de Proteção de Dados - LGPD estabelecem o regramento específico que enseja essa responsabilidade.

A hipótese que se pretende explorar é o amadurecimento da responsabilidade civil pela falha ou omissão na proteção de dados pessoais a partir da promulgação de diplomas legislativos específicos para tutelar as obrigações de resguardo desses dados. Mais especificamente o reconhecimento da modalidade responsabilidade objetiva, decorrente dos riscos inerentes à atividade de controle de dados, no âmbito da LGPD. Bem como a superioridade desse mecanismo de distribuição do ônus para casos, como o ambiente de gestão de dados, onde há assimetria entre os agentes e pulverização de danos na sociedade, em especial se coordenada com a possibilidade de aplicação indenizações punitivas ou responsabilidade sancionatória.

A ampliação do uso de informações de terceiros por parte de empresas privadas, organizações não governamentais e entidades estatais por um lado e o desenvolvimento do arcabouço legislativo necessário para a proteção dos direitos da personalidade por outro lado formam as condições necessárias para o aparecimento de mecanismos efetivos de proteção das garantias constitucionais atinentes à gestão de dados pessoais.

Assim a justificativa para o estudo do tema se fixa na necessidade de responsabilização pela quebra dos deveres inerentes às atividades de tratamento de dados como mecanismo crucial para se assegurar a proteção às garantias constitucionais em jogo. Ainda que não seja a única forma de ajuste do sistema – pois a preferência do consumidor por controladores de dados mais éticos e zelosos pode representar diferencial na escolha dentro dos parâmetros de autorregulação do mercado – a responsabilidade civil é mecanismo eficiente para compelir entidades empresariais, e não raro governamentais, a se conformar às prescrições do ordenamento jurídico.

Nesse sentido, o objetivo do trabalho é apresentar a responsabilidade civil por dados pessoais decorrente do advento desse novo paradigma de tratamento de informações e fluxo de dados na sociedade. O propósito é verificar a ampliação do campo da responsabilidade para receber demandas derivadas da quebra das novas obrigações criadas pelas leis especiais sobre a matéria (MCI e LGPD).

Considerando tratar-se de normas recentes, a LGPD em vigor desde 17 de setembro de 2020, ainda sem a instalação da Autoridade Nacional, a metodologia empregada concentrou-se no procedimento de pesquisas bibliográficas para expor o debate produzido. Em razão da natureza do problema, o estudo é eminentemente exploratório, com abordagem qualitativa, uma vez que se busca reconhecer o fenômeno.

Para desenvolver o tema aqui introduzido, este livro possui seis capítulos, organizando-se a partir deste preâmbulo, seguido de revisão de literatura; dos deveres e obrigações no tratamento de dados; da responsabilidade civil; de debates à luz da Análise Econômica do Direito; e das considerações finais.

A revisão de literatura apresenta a abordagem teórica de autores que enfrentaram temas correlatos e o levantamento da atualidade do colóquio doutrinário acerca da responsabilidade civil por dados pessoais.

O capítulo seguinte, direitos e obrigações no tratamento de dados, discorre acerca dos direitos dos titulares de dados pessoais e das obrigações diretas e acessórias impostas pela legislação própria a entidades que manipulem informações de terceiros. A LGPD especifica como agentes de tratamento de dados o controlador, o operador e o encarregado.

Consectário das obrigações, a teoria da responsabilidade será exposta de maneira fragmentária, ou seja, não se pretende discorrer integralmente acerca da matéria, mas apenas apresentar a doutrina relevante para a responsabilidade civil em comento. Nesse ponto são analisados os aspectos próprios da imputação de responsabilidade previstos na legislação de regência, MCI e LGPD, como mecanismos aptos a orientar o comportamento dos agentes. A incidência da responsabilidade civil objetiva e a possibilidade de aplicação de indenizações punitivas também são enfrentadas nesse capítulo.

Estremadas as obrigações e respectivas consequências, serão explorados cenários de desenvolvimento da atividade de tratamento de informação, pela óptica da Análise Econômica do Direito, considerando as variantes da distribuição dos riscos e ônus da implementação das políticas de proteção aos titulares dos dados pessoais e o cotejo entre a hipótese de assunção dos custos dos danos pelos diversos agentes envolvidos na jornada de informatização na sociedade.

Finalmente, as considerações finais apresentam a importância do tema e propostas para o desdobramento de outras abordagens relacionadas com o fenômeno.

REVISÃO DE LITERATURA

As relações entre pessoas, empresas e mesmo com o Estado passam a ocorrer cada vez mais por meios virtuais dependentes de redes de comunicação cibernéticas. O teletrabalho passa a ser cada vez mais comum e a prestação de serviços por meio remoto e digital se tornou o novo padrão (Han, 2019). O filósofo teuto-coreano se debruça na primazia da informática em todas as áreas da vida humana. Suas reflexões acerca da perspectiva do digital apontam para crise que conduzirá à "mudança radical de paradigma na sociedade".

Mesmo antes do catalizador representado pela pandemia global do COVID19 em 2020, Byung-Chul Han, professor na Universidade de Berlin, já se preocupava com a transformação decorrente da incorporação da cibernética nas rotinas cotidianas. Em seu livro – No Enxame: perspectivas do digital – vislumbra o advento do *"homo digitalis"* termo utilizado para realçar a dimensão da mudança que entende próxima.

A possibilidade de acesso a amplo volume de dados pessoais, segundo o autor, nos leva para a sociedade da transparência. Não aquela transparência de atos de interesse público, desejada em regimes democráticos e republicanos, mas a transparência do indivíduo para os olhos do Estado ou de corporações.

> *"A conexão digital facilita a aquisição de informação de tal modo que a confiança, como práxis social, perde cada vez mais em significado. Ela dá lugar ao controle. Assim, a sociedade da transparência tem uma proximidade estrutural à sociedade de vigilância. Onde se pode adquirir muito rápido e facilmente informações, o sistema social muda da confiança para o controle e para a transparência. Ele segue a lógica da eficiência." (Han; 2019, p. 122)*

O autor traz o exemplo da empresa de megadados (big data) norte-americana Acxiom Corporation, especializada em coleta de dados pessoais, que teria informações acerca de 300 milhões de cidadãos dos Estados Unidos, ou seja, praticamente todos, para concluir que: "O mercado de vigilância no Estado democrático tem uma proximidade perigosa com o Estado de vigilância digital." (Han; 2019, 126)

Com efeito, mesmo empresas que atendem fisicamente e não se dedicam a atividades digitais se utilizam de bancos de dados cibernéticos para cadastrar clientes, estoques, pedidos. Todos esses procedimentos pressupõem o manuseio de dados de terceiros estranhos à entidade.

O alastramento do tratamento de dados pessoais às mais variadas atividades ensejou o debate acerca da importância da privacidade, do cuidado com o manuseio desses dados, da segurança da informação e dos direitos sobre os dados por seus titulares. Por um lado, movimentos ativistas pedem pela divulgação irrestrita de dados corporativos e governamentais e, ao mesmo tempo, pela proteção dos dados pessoais por métodos criptográficos. "Privacidade para os fracos e transparência para os poderosos" é um dos lemas do movimento Cypherpunk (Assange; 2013, p.141).

Essa visão romantizada de Julien Assange, fundador do Wikileaks, não mais se sustenta ante os interesses em jogo, pois a arena cibernética transformou-se no teatro de operações militares, de disputas políticas, de controle ideológico, além de ativo financeiro e comercial. Assim sendo, não é realista a expectativa de completa transparência (*full disclosure*) de dados sensíveis pelas nações, empresas ou organizações.

Ao contrário, na medida em que o processo de coleta e organização da informação se tornou formidável fonte de poder econômico, político e cultural (Smyth; 2019) as organizações buscam cada vez mais a proteção de suas informações como meio de obter e reter vantagens competitivas.

A coordenadora do programa de mestrado em Cyber-Security, da faculdade de Direito da Universidade La Trobe na Austrália, Sarah M. Smyth, explica esse interesse:

"The process of collecting and organizing information is now a tremendous source of economic, political and cultural power. Data makes us more malleable, easier to predict, and extremely prone to influence. For retailers and marketers, being able to understand their customers' behaviors, preferences and aversions – so they can predict their needs and provide more targeted sales pitches – is the Holy Grail." (2019, p. 578)[5]

À evidência, as companhias de tecnologia não iriam graciosamente renunciar ou compartilhar o poder liberado pelos recursos cibernéticos que amealharam. As nove empresas mais relevantes no tratamento de dados Amazon, Google, Facebook, Tencent, Baidu, Alibaba, Microsoft, IBM e Apple (Webb; 2019) conseguiram, cada uma delas, relevância sem precedentes, seja em alcance de pessoas que usam seus serviços, seja em valor de mercado, seja na capacidade de influenciar a sociedade.

As cinco maiores empresas listadas na bolsa norte-americana Amazon, Google, Facebook, Microsoft e Apple representam juntas valor de mercado de aproximadamente 4,5 trilhões de dólares. A IBM, ainda que do ramo da tecnologia e fundada no início do século XX, não direcionou sua atividade para o tratamento e aproveitamento de dados pessoais, conta hoje com patrimônio significativamente mais modesto, na casa dos 150 bilhões de dólares.

Nesse contexto, percebe-se que a informação e, notadamente, os dados pessoais se tornaram o motor da economia. Então, nessa corrida pela apropriação de dados as empresas que saíram na frente lograram estabelecer

---

5   O processo de coletar e organizar a informação é agora tremenda fonte de poder econômico, político e cultural. Dados nos deixam mais maleáveis, mais previsíveis, e extremamente influenciáveis. Para varejistas e publicitários, ser capaz de compreender o comportamento, preferências e aversões de seus clientes – de modo que possam antecipar suas necessidades e direcionar mais vendas – é como o Cálice Sagrado. (livre tradução)

oligopólios e controlar esse novo mercado. Os titulares dos dados, por sua vez, ante a nítida hipossuficiência em face de corporações organizadas, perderam o controle sobre suas próprias informações.

A professora Sarah Smyth alerta para a hipocrisia do discurso das empresas de big data que afirmam valorizar a individualidade e promover o empoderamento

> *"Rhetorically, the big tech companies peddle individuality and empowerment of the user; but they really want to see their algorithms automating our way of life in exchange for vast catalogues of our intentions, motivations and aversions."*
>
> *(2019, p. 578)[6]*

A dimensão das transformações sociais em curso impeliu diversos pensadores ao estudo do tema. E, sob distintas perspectivas, delinearam a ideia de mudança qualitativa de paradigma social.

Além da percepção do filósofo Byung-Chul Han, do ativista Julien Assange, confluem para a ideia de transformação os autores Klaus Schwab, Alvin Toffler mencionados na introdução. No século passado, o proeminente sociólogo Manuel Castells em sua trilogia – A Era da informação: Economia, sociedade e cultura – já constatava que "a geração, o processamento e a transmissão de informação tornam-se a principal fonte de produtividade e poder" na sociedade. Ele cunhou os termos 'sociedade informacional' e 'capitalismo informacional':

---

6   Em suas retóricas as grandes empresas de tecnologia apregoam a individualidade e o empoderamento do usuário; mas, em realidade, querem ver seus algoritmos automatizando o nosso modo de vida em troca de vastos catálogos de nossas intenções, motivações e aversões. (livre tradução)

"In contrast, the term 'informational' indicates the attribute of a specific form of social organization in which information generation, processing, and transmission become the fundamental sources of productivity and power because of new technological conditions emerging in this historical period. My terminology tries to establish a parallel with the distinction between industry and industrial." (Castells, 1996, p. 21)[7]

Renata Mota Maciel e Marcelo Benacchio destacam que a velocidade da disruptura digital não é acompanhada em mesmo ritmo pela atualização dos marcos regulatórios:

"Na sequência dessa nova revolução digital, constata-se que a velocidade da inovação dos modelos de negócio e em termos de ruptura são consideráveis, sobretudo porque apresentam-se com potencial para alterar até mesmo arcabouços regulatórios anteriormente estabelecidos." (2020, p. 45)

No mesmo sentido, Gabriele Sarlet em recente artigo esclarece a disparidade entre a importância dos novos ativos consubstanciados pelos dados pessoais e a falta de proteção aos respectivos titulares dessas informações.

---

7   Em contraste, o termo "informacional" indica o atributo de uma forma específica de organização social na qual a geração, o processamento e a transmissão da informação se tornam a fonte primordial de produtividade e poder devido às novas condições tecnológicas que emergem nesse período histórico. Minha terminologia busca estabelecer paralelo com a distinção entre indústria e industrial. (livre tradução)

"Não se pode olvidar que os dados pessoais são considerados ativos financeiros e que em uma composição contemporânea logram uma nova corrida pelo ouro nos Estados menos desenvolvidos para fins de novas modalidades de dominação, particularmente em áreas sensíveis como a que envolve a saúde e a soberania."

"Ocorre que, em sendo a mola propulsora da atualidade, parece ter ganhado vida própria assim como as máquinas a vapor da revolução industrial, tornando-se aparentemente ingovernável." (2020, p. 23)

Manuel David Masseno[8] explica que:

"Por outro lado, o recurso à Big Data supõe o acesso a meios técnicos, financeiros e humanos de grande porte, daí resultando uma acentuada assimetria informacional não apenas entre os profissionais e os consumidores, mas também entre as grandes e as pequenas e médias empresas. Isto, além de estabelecer barreiras à entrada de novos competidores, inclusive devido aos denominados 'efeitos de rede', bem conhecidas na economia e no direito da concorrência." (2020, p. 415)

Nessa sociedade informacional os dados pessoais são cobiçados. Enquanto o desequilíbrio entre o elevado valor para quem processa grandes volumes de dados e o reduzido domínio do titular sobre suas informações afeta a esfera de

---

8   Universidade Politécnica de Beja, Portugal, especialista em direito da proteção de dados.

direitos e garantias constitucionalmente protegidos. A máxima "– Se não está pagando pelo serviço, o produto é você" resume a necessidade de transparência e controle sobre as atividades de tratamento de dados.

O reconhecimento da relevância jurídica da proteção dos direitos dos titulares dos dados pessoais encontra repercussão na Doutrina e desperta a atenção dos legisladores.

Danilo Doneda[9] defende que a própria utilização de informações pessoais pode se revestir de caráter abusivo uma vez que as pessoas não são apenas reconhecidas fisicamente mas também por meio da representação de sua personalidade que é fornecida pelos seus dados pessoais (Doneda; 2020, p. 47). Nessa linha de raciocínio conclui:

> "O esforço a ser empreendido pela doutrina e pela jurisprudência seria, em nosso ponto de vista, basicamente, uma interpretação dos incisos X e XII do artigo 5º que seja mais fiel ao nosso tempo, reconhecendo a íntima ligação que passam a ostentar os direitos relacionados à privacidade e à comunicação de dados. uma tal de leitura demonstrasse particularmente pertinente e relevante após a consideração de novos documentos normativos como o Marco Civil da Internet e da LGPD, ambas tecendo uma série de garantias e prerrogativas inerentes à cidadania e que defluem diretamente do reconhecimento do direito fundamental à proteção de dados. Dessa forma, a garantia da proteção dos dados pessoais, em si próprios considerados, com caráter de direito fundamental representa o passo necessário à integração da personalidade em sua acepção mais completa e adequada à Sociedade da Informação. (2020, p. 49)

---

9   Instituto de Direito Público - IDP, em Brasília,

Patrícia Peck Pinheiro segue a mesma linha de entendimento ao chancelar a proteção de dados pessoais como direito fundamental:

> *"Destaque-se que a proteção das pessoas físicas relativamente ao tratamento dos seus dados pessoais é um direito fundamental, garantido por diversas legislações e muitos países. Na Europa, já estava previsto na Carta dos Direitos Fundamentais da União Europeia e no Tratado sobre o Funcionamento da União Europeia ponto, no Brasil, já tinha previsão no Marco Civil da Internet e na Lei do Cadastro Positivo." (2020, p. 19)*

A Europa desde há muito se dedicou a criar ordenamento jurídico voltado à proteção de dados pessoais. Em 1970, o Estado de Hessen, da República Federal da Alemanha (Lado Ocidental), formulou a primeira lei voltada à proteção de dados. A RFA, no entanto, somente veio a promulgar uma lei federal em 1º de janeiro de 1978: a Bundesdatenschutzgesetz (BDSG). Já na semana seguinte, em 07 de janeiro 1978, a França publicava em seu Diário Oficial a Lei 78-17/1978 relativa "à Informática, aos Arquivos e à Liberdade", diploma que inseriu formalmente direitos informáticos no rol dos direitos fundamentais.

A ideia de proteção às liberdades individuais, à privacidade e aos direitos de identidade e personalidade já vinha insculpida em seu primeiro artigo:

> *Artigo 1er - L'informatique doit être au service de chaque citoyen. Son développement doit s'opérer dans le cadre de la coopération internationale. Elle ne doit porter atteinte ni à*

l'identité humaine, ni aux droits de l'homme, ni à la vie privée,
ni aux libertés individuelles ou publiques.[10]

Emmanuel Netter[11] ressalta que mesmo na alvorada da década de 1980, antes que se vislumbrassem os telefones geolocalizados, a publicidade personalizada, a Internet das Coisas ou as redes sociais, já se antecipava a excepcional intensidade dos riscos e ameaças às liberdades e garantias à privacidade e intimidade dos cidadãos.

> *"Il était difficile, à l'orée des années 80, d'imaginer que les plus puissantes menaces planant sur l'intimité des citoyens seraient à rechercher dans les bases des entreprises privées, et non plus seulement dans le recoupement des fichiers administratifs. On ne pouvait entrevoir les téléphones perpétuellement géolocalisés, on ne pouvait anticiper la publicité ciblée, on ne pouvait imaginer l'Internet des objets ou les réseaux sociaux. Mais si l'on ne connaissait ni la nature ni l'origine exactes des dangers à venir, on avait bien prévu, il y a quatre décennies déjà, leur exceptionnelle intensité."*[12]

---

10   A informática deve estar ao serviço de cada cidadão. O seu desenvolvimento deve-se operar no âmbito da cooperação internacional. Ela não deve malferir a identidade humana, os direitos do homem, a vida privada nem as liberdades individuais ou públicas. (livre tradução)

11   Universidade de Avignon, França.

12   Era difícil, no alvorecer dos anos 80, imaginar o que as maiores ameaças a pairar sobre a intimidade do cidadão seriam encontradas no âmago das empresas privadas, e não mais somente na justaposição dos fichários administrativos. Não se podia entrever telefones perpetuamente geolocalizados, antecipar a publicidade

A União Europeia tem capitaneado essa proteção. Com efeito a proteção à privacidade é reconhecida pelo artigo 8º da Convenção Europeia dos Direitos do Homem de 1950; e a proteção aos dados pessoais, especificamente pela Convenção 108 do Conselho da Europa – Convenção para Proteção das Pessoas em relação ao Tratamento Automatizado de Dados Pessoais – de 1981.

Em 1995, o Parlamento Europeu e o Conselho da União Europeia aprovaram a Directiva 95/46/CE que trata a proteção de dados pessoais como direito fundamental. O texto da diretiva abre com a afirmação dessa garantia:

> *Artigo 1º, 1, Os Estados-membros assegurarão, em conformidade com a presente directiva, a protecção das liberdades e dos direitos fundamentais das pessoas singulares, nomeadamente do direito à vida privada, no que diz respeito ao tratamento de dados pessoais.*

A referida Convenção 108 foi atualizada em 2018, sendo que ainda nem todos os Estados Membros do Conselho da Europa firmaram os termos do protocolo de emenda. O tema ainda é dos mais relevantes no âmbito dos debates legislativos na Europa. A Secretária Geral do Conselho da Europa abriu recente discurso no Senado da França demonstrando preocupação com o desafio do digital, ou seja, com a proteção das informações pessoais em face do crescimento exponencial da geração de dados.

> *"Parmi ces défis, le développement du numérique n'est pas des moindres. Les questions identifiées pour examen au cours*

---

direcionada lá, imaginar a Internet das coisas ou as redes sociais. Mas, se nos eram desconhecidas a natureza e a origem exatas dos perigos adiante, bem tínhamos previsto, já há quatro décadas, a sua excepcional intensidade. (livre tradução)

de ce Colloque en font évidemment partie, et je suis dès lors particulièrement heureuse que le Conseil de l'Europe y soit associé. Car nous sommes partenaires naturels.

La protection de la vie privée et des données personnelles, tout d'abord. Leur protection est un droit fondamental, consacré par l'article 8 de la Convention européenne des droits de l'homme, mais aussi par la Convention 108 du Conseil de l'Europe, seul instrument international contraignant en la matière, que nous avons modernisé l'an passé. Le respect du droit à la protection des données personnelles est plus important que jamais, à l'heure où nos vies se digitalisent de plus en plus et que la production de données à caractère personnel est exponentielle." (Battaini-Dragoni; 2019)[13]

Finalmente, foi no âmbito da União Europeia, que abrange menos Estados-membros que o Conselho da Europa, que se gestou o diploma mais complexo e abrangente acerca do tema: o Regulamento Geral de Proteção de Dados da União Europeia – GDPR (EU 679/2016).

---

13   Entre esses desafios, o desenvolvimento do digital não é dos menores. As questões identificadas para análise no curso desse colóquio evidentemente integram esses desafios, e eu estou particularmente feliz que o Conselho da Europa tenha aceitado participar, pois somos parceiros naturais.

A proteção da vida privada e dos dados pessoais, em primeiro lugar. Essa proteção é direito fundamental, consagrado pelo artigo oitavo da Convenção Europeia dos Direitos do Homem, e também pela Convenção 108 do Conselho da Europa, único instrumento internacional a abordar a matéria, por nós atualizado no ano passado. O respeito ao direito de proteção dos dados pessoais nunca foi tão importante, pois nossas vidas se digitalizam cada vez mais e a produção de dados de caráter pessoal é exponencial. (Battaini-Dragoni; 2019) (livre tradução)

A norma, que entrou em vigor em 2018, se tornou marco mundial a respeito do tema, seja pela cuidadosa disciplina dos diferentes conceitos específicos, seja por estabelecer estrutura administrativa para fiscalização das obrigações ou seja por exigir conformidade extraterritorial a seus preceitos. Com efeito, a lei alcançará empresas sediadas no exterior sempre que atuarem direta ou indiretamente no território da União. Porque a LGPD no Brasil contou com nítida inspiração do GDPR europeia.

Os Estados Unidos trilharam caminho distinto, mas alcançaram marcos semelhantes aos europeus em grande parte em razão da necessidade de comércio com o Velho Continente.

Em 1974, os Estados Unidos promulgaram o *Privacy Act* (5 U.S.C. §552a (1974)) para proteger a privacidade de registros pessoais em bancos de dados do governo federal. Em grande parte decorrente de relatório da Administração Federal que recomendou políticas para a proteção da privacidade dos cidadãos em face do crescente desenvolvimento da tecnologia da informação. O Relatório HEW[14], de 1973, estabeleceu princípios para o uso de dados pessoais em sistemas informatizados, esses *"Fair Information Practice Principles"* ou FIPPs nortearam as propostas subsequentes e as legislações estaduais até o surgimento, em 1995, da Diretriz Europeia e consequente impacto nos países da OCDE. (SAFARI, 2017)

Assim, para compreender o delineamento do sistema de proteção norte-americano é importante acompanhar o seu desenvolvimento. A partir da referida Diretiva Europeia de Proteção de Dados de 1995, os Estados Unidos criaram série de mecanismos para permitir o livre comércio entre os respectivos blocos econômicos.

---

14   O Relatório tem esse nome "HEW Report" por ter sido realizado por comissão do U.S. Department of Health, Education and Welfare, mas o nome oficial é Records, Computers and the Rights of Citizens e pode ser encontrado em: https://aspe.hhs.gov/report/records-computers-and-rights-citizens

Conhecido como *Safe Harbor Framework*, o dispositivo do Departamento de Comércio dos Estados Unidos estabeleceu princípios de proteção à privacidade e mecanismos de controle de sorte que, a partir do ano 2000, companhias norte-americanas devidamente certificadas conseguissem acesso simplificado ao mercado europeu.

Em 2015, entretanto, a Corte Europeia entendeu serem insuficientes tais princípios e afastou a modalidade de acesso simplificado. Em 2016 foi estabelecido sistema mais rigoroso e auditável denominado *Privacy Shield*, mas que agora também sofre questionamentos na Corte Europeia em face da entrada em vigor do GDPR.

No âmbito interno, por sua vez, os Estados Unidos regulam a proteção à privacidade digital de maneira pulverizada. Desde sua gênese a nação se estruturou com grande autonomia para os Estados que, assim, possuem legislações sensivelmente distintas e, mais importante, jurisprudências diferentes nos termos da *common law*. No plano federal há proteções específicas para setores nacionalmente protegidos, como, por exemplo, o *Electronic Communications Privacy Act* de 1986, o *Computer Fraud and Abuse Act* de 1986, o *Health Insurance Portability and Accountability Act* de 1996, o *Children's Online Privacy Protection Act* de 1998, o *Fair and Accurate Credit Transaction Act* de 2003 ou o *Cybersecurity Information Act* de 2015 (Safari, 2017). E, no plano dos Estados da Federação, em 2018, a Califórnia promulgou o primeiro marco regulatório, o *California Consumer Privacy Act* – CCPA, que entrou em vigor em 1º de janeiro de 2021, e outros Estados possuem projetos de lei semelhantes[15].

---

15 Em Nova York, há projeto de lei do senador (estadual) Kevin Thomas, Senate Bill S5642; em Illinois também há projeto semelhante, proposto pelo senador Thomas Cullerton, Senate Bill 2330; e no Estado de Washington o projeto, Senate Bill 628, rejeitado em março de 2020, foi substituído por controle mais limitado sobre dados biométricos.

A Organização para a Cooperação e Desenvolvimento Econômico – OCDE/OECD, ainda que tivesse estabelecido diretrizes para a proteção de dados pessoais desde 1980, não formulou regulamentos com caráter cogente. A partir de 1995, na esteira da Diretiva 95/46/CE, em sintonia com o bloco europeu, a OCDE passou a ter papel regulador de relevo para disseminação global de mecanismos legais para a proteção de dados pessoais.

O Brasil, que tem interesse político e econômico em ingressar na OCDE, promulgou diplomas específicos para enfrentar a questão. Destacam-se o Marco Civil da Internet - MCI e a Lei Geral de Proteção de Dados - LGPD, que estabelecem plexo de obrigações para os detentores de informações de terceiros bem como direitos aos respectivos titulares de dados. Ainda que de forte inspiração nas normas europeias, a legislação brasileira registrou significativas divergências em relação à fonte (Pinheiro; 2020, p.22). Anota-se o rebaixamento do responsável pela governança digital, que na Europa encontra-se em nível de diretoria, com a previsão do cargo de *Data Officer*, por exemplo, e no modelo brasileiro, enquadra-se como mero encarregado, ou seja, em nível de gerência. Outrossim, falta na legislação brasileira a delimitação das empresas que serão obrigadas a atender a todas as obrigações ou, ao contrário, a excepcionalização das empresas que serão dispensadas de implementar algumas das estruturas de governança, questão delicada, que, dependerá de modificação da legislação ou de elastério extraordinário das atribuições da agência reguladora prevista no sistema (artigo 41, §3º, da LGPD).

Ante o interesse que o tema infunde em diversos atores, tais como empresas, governo, titulares de dados, imprensa, agências de inteligência bem como entidades de controle governamental ou governança privada, amplo debate jurídico já se instalou em torno da novel legislação, mesmo com pouco tempo de vigência, se considerado o MCI, ou a ainda mais recente LGPD, que contou com extensa *vacatio legis*, até a sanção da MP 959. A importância e a atenção dedicadas ao tema decorrem da importância econômica e social da matéria, seja pela relevância já consolidada no âmbito empresarial, seja ante o potencial de ainda maior influência em todos os ramos da atividade empresarial.

No levantamento bibliográfico realizado, destacaram-se no campo da legislação brasileira os autores Viviane Nóbrega Maldonado e Renato Ópice Blum (2018; 2019), Chiara Spadaccini de Teffé (2019), Patrícia Peck Pinheiro (2020), Gabrielle Bezerra Sales Sarlet (2020), Bruno Ricardo Bioni (2020), Maria Celina Bodin de Moraes (2019), Cíntia Rosa Pereira Lima (2019), Marcelo Benacchio e Renata Mota Maciel (2020), Danilo Doneda (2020), Irineu Francisco Barreto Junior e Beatriz Salles Ferreira Leite (2017) cujos textos foram importantes para o desenvolvimento desta pesquisa.

Os autores Viviane Maldonado e Renato Blum coordenaram duas obras de comentários às leis de proteção de dados, nos comentários ao GDPR de 2018 lei de controle de dados europeia – GDPR – organizam textos de diversos autores, merecendo destaque a análise de Caio Lima (2018, p. 25) de que ao contrário de argumentos lançados contra a regulamentação estatal, segundo os quais a proteção poderia trazer impactos negativos à economia, ante o óbice ao bom desenvolvimento de modelos de negócios voltados ao tratamento de dados pessoais, a criação do Regulamento Geral de Proteção de Dados da União Europeia serviu para consolidar regras claras e oferecer previsibilidade para estimar riscos e responsabilidades: "Com isso, mais investimentos acontecerão, não apenas internos, mas também externos, diante da segurança jurídica que será alcançada."

A perspectiva econômica é constante nos textos selecionados pelos organizadores. Rony Vainzof explica:

> *"Dado pessoal é a moeda da economia contemporânea, mormente a digital. Um dos mais relevantes ativos para o exercício de qualquer atividade empresarial, pessoal ou social, assim como para a execução de políticas públicas. Não há dúvida sobre a importância do dado pessoal para o desenvolvimento econômico global." (2018, p. 38).*

A preocupação continua em outro texto do mesmo autor:

> "...se compreende a necessidade de regular direito a
> privacidade sobre a perspectiva econômica, focada no já
> mencionado fluxo internacional de dado – um elemento
> fundamental para economia globalizada dos séculos XX e
> XXI." (Vainzof, 2019, p. 22)

Patrícia Peck Pinheiro, ao abordar a Compliance Digital e a Propriedade Intelectual, defende que – ante o caráter transnacional das redes de dados – a matéria melhor seria regulada por tratado internacional. (2020, p.57). Entretanto, à míngua de convenção, a LGPD teria sido feliz ao acompanhar as normas estabelecidas pelo GDPR, abrindo caminho para a uniformização (2020, p. 23).

Marcelo Benacchio e Renata Mota Maciel também percebem a necessidade da regulação para garantir a proteção de dados pessoais como relevante sob a perspectiva da regulação do poder econômico:

> "O futuro, por sua vez, já aponta sinais no sentido de
> que o domínio sobre a coleta, o uso e o tratamento de dados
> pessoais inexoravelmente integrará, senão total, ao menos
> parcialmente, todos os modelos de negócio que vem se
> desenvolvendo, ao passo que a empresa, já no próximo quadril
> deste século, terá por ativo substancial os dados pessoais de
> seus clientes ou parceiros." (2020, p. 42)

Danilo Doneda argumenta que as garantias protegidas pelo MCI e pela LGPD defluem diretamente do texto constitucional que, sob sua óptica, abarcaria o reconhecimento do direito fundamental à proteção de dados.

"O esforço a ser empreendido pela doutrina e pela jurisprudência seria, em nosso ponto de vista, basicamente, uma interpretação dos incisos X e XII do artigo 5º que seja mais fiel ao nosso tempo, reconhecendo a íntima ligação que passam a ostentar os direitos relacionados à privacidade e à comunicação de dados. Uma tal leitura demonstra-se particularmente pertinente e relevante após a consideração de novos documentos normativos como o Marco Civil da Internet e a LGPD, ambas tecendo uma série de garantias e prerrogativas inerentes à cidadania que defluem diretamente do reconhecimento O direito fundamental à proteção de dados." (2020, p.48)

A partir desse conjunto de novas obrigações e direitos cumpre desdobrar a análise no campo da responsabilidade civil. A doutrina mais estabelecida é amplamente suficiente para delimitar o escopo da análise. Pois não se trata aqui de investigação acerca do instituto da responsabilidade civil, mas de seu aproveitamento para a proteção de dados pessoais.

Dessarte, a falta de cuidado com dados pessoais poderá ensejar danos patrimoniais e morais. A Doutrina classifica os danos patrimoniais como o dano a alguma coisa, hipótese de dano material; ou a direito intangível (como propriedade autoral), hipótese de danos imateriais. (Farias; Rosenvald; Netto, 2020, p. 274). Esses danos patrimoniais se subdividem em danos emergentes, lucros cessantes e perda de uma chance. Por outro lado, há ainda o reconhecimento dos danos morais ou extrapatrimoniais que alcançam a esfera pessoal, tanto física quanto psíquica. Todas as modalidades de danos poderão ser demandadas em face da quebra dos deveres legais inerentes à guarda e tratamento de dados e, portanto, sua contextualização é relevante para os debates que se quer alcançar.

Esses prejuízos poderão ser ressarcidos no plano da responsabilidade civil contratual, ante a existência de adesão aos termos de redes sociais ou aplicativos. Sendo, neste caso, sujeitos à incidência simultânea do MCI e do Código de Defesa do Consumidor – CDC, como explicam Irineu Barreto Jr e Beatriz Leite (2017, p. 415), em artigo específico acerca da responsabilidade dos provedores em face de ambos os diplomas.

Todavia, mais importante para a abordagem aqui pretendida é a responsabilidade aquiliana, verificada como consequência de atos ilícitos resultantes do descumprimento das normas estabelecidas pelas leis especiais como o MCI ou a LGPD. Máxime na vertente da responsabilidade objetiva, cuja incidência é defendida no âmbito do presente trabalho.

Nessa abordagem, o não atendimento ao conjunto de novas obrigações estabelecido pela legislação voltada a regular o tratamento de dados pessoais ensejará a responsabilidade pelos danos efetivamente verificados ou por danos presumidos, decorrentes do não atendimento de obrigações acessórias, como, por exemplo, não responder a requisição de dados ou não estabelecer medidas adequadas de proteção ao acervo. Essa responsabilidade é prevista expressamente no artigo 42 da LGPD:

> "**Artigo 42.** *O controlador ou o operador que, em razão do exercício de atividade de tratamento de dados pessoais, causar a outrem dano patrimonial, moral, individual ou coletivo, em violação à legislação de proteção de dados pessoais, é obrigado a repará-lo.*"

Desse modo, o presente estudo enfrentará a responsabilidade civil pela informação armazenada, divulgada ou mesmo simplesmente acessada momentaneamente. Empresas, Estado, sociedades civis ou religiosas lidam constantemente com informações de terceiros para o desenvolvimento de suas atividades típicas e em diferentes graus e medidas estarão sujeitas à responsabilização, inclusive na modalidade objetiva e eventualmente sancionatória, por eventuais falhas.

Assim, estabelecido rol de obrigações e direitos, a efetividade dessas garantias fundamentais irá depender da existência de controle e de sanções. A responsabilidade pela violação dos deveres no tratamento de dados é instrumento indissociável da eficiência da proteção aos direitos dos seus titulares, máxime considerados os proveitos econômicos, políticos e sociais em jogo. Aqui a questão da admissibilidade de aplicações de sanções punitivas no Direito Civil brasileiro será objeto de enfoque sob a luz da Análise Econômica do Direito, em especial por meio de cenários lastreados na teoria dos jogos, afinal apenas a força normativa da constituição (Hesse, 1991) será insuficiente para alterar transformações sociais de tamanha envergadura.

Para o professor Ivo Gico, o instrumental econômico se presta em especial para prognóstico em perspectiva dos desdobramentos práticos de novo corpo legal:

> "A Análise Econômica do Direito nada mais é que a aplicação do instrumental analítico e empírico da economia, em especial da microeconomia e da economia do bem-estar social, para se tentar compreender, explicar e prever as implicações fáticas do ordenamento jurídico, bem como da lógica (racionalidade) do próprio ordenamento jurídico."
>
> (2010, p. 17)

Em tal perspectiva, ainda que elevadas as sanções, é preciso ter em vista o adágio de que a sanção inferior ao benefício obtido com a prática irregular é incentivo (Magalhães; 2019, p. 132). Sob tal perspectiva resulta possível exercer controle sobre as condutas dos agentes que atuam no tratamento de dados pessoais, por meio de incentivos e sanções. Por fim, a Análise Econômica do Direito – disciplina cuja importância se reconheceu a partir das publicações de Ronald Coase, Guido Calabresi, Gary Becker e Richard Posner – se presta para avaliar em que medida a responsabilidade civil será relevante para influenciar as condutas das empresas e entidades que atuam com tratamento de dados pessoais. Diferentes abordagens acerca da distribuição dos riscos e dos ônus decorrentes de falhas na proteção de dados pessoais ensejarão comportamentos igualmente diversos dos agentes envolvidos e, dessa forma, resultarão em aproveitamento mais ou menos eficiente dos recursos informáticos.

A responsabilidade civil tradicional limita as reparações aos danos sofridos (aferidos ou presumidos) pelas vítimas. Considerando os elevados valores econômicos alcançados com a atividade de tratamento de dados pessoais, as indenizações tradicionais não serão suficientes para assegurar o cumprimento das leis de proteção de dados. A questão da possibilidade de aplicação de indenização punitiva no Direito brasileiro ou de incidência de danos morais coletivos pode ser alternativa e a proposta é enfrentada pela Doutrina (Farias, Rosenvald & Netto, 2020, p. 379-431).

De toda sorte, é certo que a imputação da responsabilidade por falha no tratamento da informação é mais bem alocada aos agentes que se dedicam à gestão de dados pessoais ante a lógica da eficiência na distribuição a quem melhor detém mecanismos para realizar o controle.

Nas palavras do Juiz Roger Traynor em importante precedente citado por Cooter e Ulen (2016, p. 187):

> *"Even if there is no negligence, public policy demands that responsibility be fixed wherever it will most effectively reduce the hazards to life and health inherent in defective products that reach the market.*[16]*
>
> Escola v. Coca-Cola Bottling Company, 150 P.2D 436 (1944)"*

---

16   Mesmo ausente a negligência, a política pública requer que a responsabilidade seja atribuída a quem possa mais efetivamente reduzir os riscos à vida inerentes aos produtos defeituosos que alcancem o mercado. (livre tradução)

Em vista disso, a formulação de cenários a partir da análise dos interesses em jogo e das condutas disponíveis aos agentes envolvidos terá grande valia para o objetivo deste estudo de apresentar a responsabilidade civil como mecanismo de imposição das garantias fundamentais dos titulares de dados pessoais.

DIREITOS DO USUÁRIO E OBRIGAÇÕES DOS AGENTES DE TRATAMENTO DE DADOS

DIREITOS NO MARCO CIVIL DA INTERNET

O Marco Civil da Internet - MCI, Lei 12.965, de 23 de abril de 2014, alterou profundamente o panorama normativo do mundo digital, ao criar microssistema para regular os provedores de serviços de Internet. A lei brasileira foi pioneira no cenário mundial.

O MCI assumiu, não sem crítica da Doutrina[17], a terminologia Internet para denominar as transmissões de dados por rede informática pública e

---

17   "Primeiramente, a melhor conceituação não seria Internet, mas tecnologias de informação e comunicação. Internet é um nome localizado no espaço e tempo restritos que pode, dentro em breve, ser ultrapassado por outras nomenclaturas melhores e mais atualizadas. Já há em curso uma revolução de convergências de mídias de comunicação, o que coloca em dúvida a utilização do conceito de Internet, que foi formulado na década de 1990. E se a Internet acabar e surgir outras tecnologias revolucionárias? Teremos que fazer um novo Marco Civil? Estabeleceremos novas regras? Ao assumir somente uma definição técnica de Internet, o Marco Civil fixou a

irrestrita. O termo, tal como delineado pelo artigo 5º, I, do MCI, entende ser a rede mundial definida pelos seus protocolos lógicos. A Doutrina, todavia, adota conceito mais amplo para abarcar o conjunto de recursos para o funcionamento da Rede Mundial.

Para os fins deste trabalho, merecem destaque os conceitos de dado pessoal e de tratamento de dados pessoais, respectivamente nos incisos I e II, do artigo 14, do Decreto 8.771/16, que regulamentou o MCI. Os dados pessoais abrangem tanto as informações pertinentes a determinado indivíduo, como a qualificação, endereço, imagens, textos, mensagens; quanto os registros vinculados a ela. São identificadores os registros públicos como RG, CPF, passaporte, título de eleitor; e os privados como, por exemplo, contas em Facebook, Google, VKontact, Weibo. Outrossim, os metadados, como a geolocalização, a marcação temporal, a informação sobre os aparelhos utilizados (e os aparelhos com os quais o usuário entretém contato) também são considerados dados pessoais.

A definição de tratamento de dados no MCI é igualmente ampla. O conceito do decreto possui diversos núcleos como a coleta, produção, recepção, classificação, utilização, acesso, reprodução, transmissão, distribuição, processamento, arquivamento, armazenamento, eliminação, avaliação, controle, modificação, comunicação, transferência, difusão ou extração da informação.

A privacidade, por sua vez, é reconhecida como princípio informador do uso de redes informáticas e processamento cibernético. O artigo 3º, II, do MCI, considera a expressamente a proteção à privacidade como princípio. O artigo 7º adota o acesso à Internet como essencial à cidadania, elenca direitos relativos à proteção da privacidade e intimidade. Esse dispositivo apresenta interesse para este trabalho por ser o primeiro dispositivo a prever no Brasil o

---

legislação somente para regular o uso da ferramenta, ou seja, regula-se o meio e não os fins que são as pessoas e seus valores." Gonçalves V.H.P. (2011) Marco Civil da Internet Comentado, São Paulo: Atlas.

sigilo das comunicações pela Internet e de dados armazenados com expressa menção à indenização material e moral pela violação desses direitos[18].

Evidentemente o MCI não incide sobre o tratamento de dados pessoais em geral, porque essa lei regula apenas o ambiente da Internet. A seu turno,

---

18   Destacamos alguns dispositivos:

Artigo 7º O acesso à Internet é essencial ao exercício da cidadania, e ao usuário são assegurados os seguintes direitos:

I - inviolabilidade da intimidade e da vida privada, sua proteção e indenização pelo dano material ou moral decorrente de sua violação;

II - inviolabilidade e sigilo do fluxo de suas comunicações pela Internet, salvo por ordem judicial, na forma da lei;

III - inviolabilidade e sigilo de suas comunicações privadas armazenadas, salvo por ordem judicial;

(...)

VI - informações claras e completas constantes dos contratos de prestação de serviços, com detalhamento sobre o regime de proteção aos registros de conexão e aos registros de acesso a aplicações de Internet, bem como sobre práticas de gerenciamento da rede que possam afetar sua qualidade;

VII - não fornecimento a terceiros de seus dados pessoais, inclusive registros de conexão, e de acesso a aplicações de Internet, salvo mediante consentimento livre, expresso e informado ou nas hipóteses previstas em lei;

VIII - informações claras e completas sobre coleta, uso, armazenamento, tratamento e proteção de seus dados pessoais, que somente poderão ser utilizados para finalidades que:

a) justifiquem sua coleta;

b) não sejam vedadas pela legislação; e

c) estejam especificadas nos contratos de prestação de serviços ou em termos de uso de aplicações de Internet;

IX - consentimento expresso sobre coleta, uso, armazenamento e tratamento de dados pessoais, que deverá ocorrer de forma destacada das demais cláusulas contratuais;

os dados pessoais coletados por outros meios são regulados pela Lei Geral de Proteção de Dados – LGPD.

Os principais direitos assegurados aos usuários da Internet estão previstos no Capítulo II do MCI – Dos Direitos e Garantias dos Usuários – que abarca os artigos 7º e 8º e, ainda, no Capítulo seguinte, na Seção II – Da Proteção aos Registros, aos Dados Pessoais e às Comunicações Privadas – que estabelece obrigações aos provedores.

Não é objetivo deste trabalho consolidar rol definitivo dos direitos na Internet, tarefa em realidade inviável ante o constante surgimento de novos serviços, aplicações e reconfigurações da relação jurídica entre provedores e usuários. Busca-se aqui levantar os direitos positivados mais propensos a ensejar danos indenizáveis.

Nessa esteira, o usuário tem direito à liberdade de expressão e à privacidade, valores distribuídos em paralelo no artigo 8º do MCI. A discussão, todavia, acerca da preponderância dessas garantias, não raro em conflito, é carreada para o Poder Judiciário, que irá construir os limites de cada princípio por meio da Jurisprudência.

As Cortes Constitucionais das democracias ocidentais têm delimitado o alcance da liberdade de expressão ao longo de sucessivos julgados. Mesmo nos Estados Unidos, onde a Primeira Emenda é vetor axiológico fundante da exegese infraconstitucional, a Suprema Corte tem estabelecido alguns limites, construindo rol de discursos não protegidos pela liberdade de expressão, como pornografia infantil, incitação à violência imediata e contra pessoa específica, proteção ao direito autoral etc.

X - exclusão definitiva dos dados pessoais que tiver fornecido a determinada aplicação de Internet, a seu requerimento, ao término da relação entre as partes, ressalvadas as hipóteses de guarda obrigatória de registros previstas nesta Lei;

(...)

XIII - aplicação das normas de proteção e defesa do consumidor nas relações de consumo realizadas na Internet.

TERRITORIALIDADE DA JURISDIÇÃO BRASILEIRA

O MCI não adentra tal debate, apenas indica valores constitucionais presentes no ambiente cibernético. A questão deverá, pois, ser resolvida caso a caso a partir da jurisprudência a ser construída pelos tribunais. É relevante, no entanto, registrar que o MCI prevê a incidência da jurisdição brasileira, mesmo se as empresas, servidores ou dados estiverem em território estrangeiro.

Não se trata exatamente da aplicação de extraterritorialidade, mas do reconhecimento do alcance da jurisdição para fatos do mundo virtual que se desenrolem dentro do país, vale dizer, quando um dos terminais esteja no Brasil, a empresa ofereça serviços aqui ou tenha integrante no mercado nacional. Esse debate é recorrente na medida em que provedores de Internet não raro promovem a exceção de incompetência para se esquivar de atender ordens judiciais. Solução semelhante a essa do artigo 11, do MCI, de 2014, foi adotada pelo artigo 3º, do GDPR, na Europa, em 2016.

Tramita no STF, sob a relatoria do Ministro Gilmar Mendes, a ADC 51 que discute a obrigatoriedade de Acordos de Assistência Legal Mútua - MLAT, para o compartilhamento de dados controlados por provedores de acesso à Internet sediados no exterior. Nas palavras do Relator na abertura da audiência pública para debate da questão:

> "A territorialidade dos dados representa importante desafio à efetividade da aplicação da lei, em perspectiva transnacional, que tem dado ensejo a batalhas judiciais entre provedores de acesso à Internet e o Poder Judiciário nacional. De um lado, a competência da jurisdição brasileira para compelir unilateralmente empresas estrangeiras a divulgarem dados armazenados tem sido colocada em dúvida. Por outro, o Estado alega que os Acordos de Assistência Mútua MLAT

tem-se revelado mecanismo moroso e pouco eficaz para a obtenção de evidências." (Brasil STF, 2020)

Tramitam ainda em conjunto no STF a ADI 5527, de 2016, de relatoria da Ministra Rosa Weber, onde se questiona constitucionalidade dos artigos 10, §2º, e 12, III e IV, do MCI que têm servido de fundamentação para decisões judiciais que determinam a suspensão dos serviços de troca de mensagens entre usuários da Internet prestados por empresas sediadas no exterior; e a ADPF 403, de 2016, relatada pelo Ministro Edson Fachin, contra a possibilidade de serviços (como o bloqueio do WhatsApp) diante da recusa da empresa em atender ordem judicial.

A matéria ganhou repercussão na Suprema Corte por ocasião de multas aplicadas ao Facebook e Twitter para compelir as redes sociais a excluir contas que, apesar de sediadas em outros países, tivessem conteúdo pertinente às investigações em curso no Inquérito das Fake News - INQ 4781, de 2019, da relatoria do Ministro Alexandre de Moraes, instaurado para averiguar notícias fraudulentas (*fake news*) que atinjam a honorabilidade ou a segurança do Supremo Tribunal Federal e de seus integrantes.

REGRAS E DIREITOS EXPRESSOS NO MCI

Além de garantias e princípios que se prestam a orientar a exegese do microssistema de tratamento de dados por sistemas informatizados, o MCI estabelece regras específicas, a serem observadas pelas empresas. Essas regras abrangem principalmente o dever de guardar registros de acesso; e o direito do provedor de não fornecer dados e de não retirar conteúdo impróprio, salvo se determinado por ordem judicial.

DEVER DE GUARDA DE DADOS DE ACESSO

O artigo 13 do MCI determina aos provedores de acesso a guarda dos registros de conexão por um ano, vale dizer devem armazenar a data e hora, endereço de IP e duração de cada acesso. Além disso, em razão da obsolescência do protocolo IPv4, o STJ firmou recentemente o dever dos provedores da guarda dos registros da porta lógica referente ao IP[19] indispensável à efetividade desse comando.

O artigo 15 do MCI determina aos provedores de aplicações que mantenham os registros de acesso a aplicações de Internet pelo prazo mínimo de 6 (seis) meses. Os registros de acesso bem como qualquer operação de coleta, armazenamento, guarda e tratamento deverão ser mantidos sob sigilo, em ambiente controlado e de segurança conforme os padrões definidos no artigo 13 do Decreto 8.771/16.

Todavia, merece nota que, em novembro de 2013, o Superior Tribunal de Justiça-STJ havia firmado o entendimento de ser obrigação dos provedores a manutenção desses registros por prazo maior, de três anos[20]. Nesse ponto, o MCI que entrou em vigor em junho de 2014 reduziu os deveres dos provedores.

Esses registros de acesso permitem a identificação do autor do conteúdo postado ou acessado bem como o acompanhamento de ações de determinado usuário na Internet. Anote-se que a vítima de danos à honra normalmente terá que combinar esses deveres para encontrar o perpetrador da ofensa e assim obter a responsabilização cível pelo dano sofrido. No primeiro momento, a vítima apenas identifica o perfil utilizado para eventual ofensa, tal perfil

---

19   STJ Terceira Turma. REsp nº 1784156 / SP (2018/0322140-0) Rel. Min. Marco Aurélio Bellizze, j. 21/NOV/2019.

20   STJ Terceira Turma. REsp 1398985 /MG (2013/0273517-8). Rel. Min. Nancy Andrighi, j. 19/NOV/2013.

raramente contém informações verídicas acerca do agressor que se quer responsabilizar.

Assim, à guisa de exemplo, por meio dos registros obrigatórios previstos no MCI, a vítima poderia ajuizar ação cautelar exibitória para conseguir do provedor de aplicação (plataforma ou rede social por exemplo) o protocolo de Internet - I.P. de onde se originaram as imagens, postagens ou ofensas. O provedor irá informar o endereço I.P. de origem. A partir desse número, a vítima localizaria o provedor de conexão que conseguirá fornecer o endereço e a qualificação do titular do serviço. Todavia, não raro os atos ilícitos são lançados a partir de redes abertas, em cafés, universidades, *lan houses* ou shopping centers. Nesses casos, há chance de o estabelecimento que cede o acesso não identificar o perpetrador da ofensa.

Além disso, é possível ainda burlar a identificação pelo uso de rede virtual privada - VPN, de redes abertas franqueadas ao público, de chips de telefonia descartáveis ou mesmo de equipamentos subtraídos de terceiros. Não obstante, a busca da identidade de infratores por meio dos acessos realizados por redes passíveis de identificação é surpreendentemente comum mesmo em casos de alta repercussão. A CPI das Fake News, em 2020, por exemplo, identificou o uso de computadores tanto do Senado quanto da Câmara dos Deputados para disparo de desinformação de cunho político.

GARANTIA DE INVIOLABILIDADE DOS DADOS PESSOAIS

O artigo 7º do MCI garante a inviolabilidade e o sigilo do fluxo de dados e das informações armazenadas, de regra impedindo o provedor de compartilhar os dados e metadados do usuário. O usuário tem o direito, assegurado pelo artigo 7º, VIII, do MCI, de obter informações claras e completas sobre coleta, uso, armazenamento, tratamento e proteção de seus próprios dados pessoais. Tal direito corresponde ao dever do provedor de aplicações de disponibilizar tal informação ao titular dos dados.

Quanto à inviolabilidade, ou seja, possibilidade de repasse dos dados a terceiros, tal norma em verdade resulta em restrição menos rigorosa do que pode parecer à primeira vista, uma vez que por meio do acordo de licença do usuário final (*end user license agreement* - EULA) haverá normalmente autorização expressa para o compartilhamento de dados pessoais. O ordenamento não proíbe tais cláusulas. Há previsão tanto no MCI, artigo 7º, VII, quanto na LGPD, artigos 7º, I; 33, V; sendo nulas cláusulas genéricas, conforme artigo 8º, §4º, da LGPD.

Tal contrato de licença, ante diversas possibilidades nem sempre antevistas, é periodicamente atualizado e o usuário se vê compelido a renovar o consentimento para abranger as novas práticas recém imaginadas. O resultado prático é que a leitura desses termos de adesão não é realizada pelos usuários. Os incisos VIII e IX, do artigo 7º, do MCI, findam por não ter efetividade. Dessarte, há necessidade de outras formas de implementar e garantir tais direitos, pois à míngua de mecanismo eficaz de coerção a lei que determina informações claras e completas, com cláusulas destacadas, existe, é válida, está em vigor, porém não tem efetividade.

À guisa de exemplo, a empresa britânica *GameStation* incluiu cláusula em seu EULA para determinar que os consumidores que registrassem o produto no dia 1º de abril de 2010 cederiam à empresa direitos sobre o que o termo denomina de alma imortal[21]. Na hipótese de alguém ler o contrato e não querer entregar a alma à empresa, havia a opção de desmarcar essa cláusula específica e, além de a instalação do jogo prosseguir normalmente, ganharia ainda bônus de £5,00 em créditos na plataforma. Mesmo com esse incentivo e

---

21   "By placing an order via this Web site on the first day of the fourth month of the year 2010 Anno Domini, you agree to grant Us a non transferable option to claim, for now and for ever more, your immortal soul. Should We wish to exercise this option, you agree to surrender your immortal soul, and any claim you may have on it, within 5 (five) working days of receiving written notification from gamesation. co.uk or one of its duly authorised minions." Calloway, T.J. (2012) Cloud Computing, Clickwrap Agreements, and Limitation on Liability Clauses: A Perfect Storm? Duke Law & Technology Review. vol 11(1). 163-174.

com o pitoresco chiste se espalhando em portais, apenas 12% dos usuários se habilitaram para o bônus.

Por outra óptica, o tempo requerido para a leitura desses contratos de adesão torna a tarefa inviável. Há mais de uma década já se antevia a desproporção desses contratos de adesão eletrônicos, com termos excessivamente longos e complicados, com sucessivos aditamentos. Estudo pioneiro estimou em cerca de três meses de trabalho o tempo necessário para a leitura do conjunto dos termos das plataformas e equipamentos de um usuário padrão (McDonald & Crano, 2008). Desde então a oferta de serviços online apenas aumentou. A partir dessas análises resta claro que o usuário não possui ciência completa dos direitos que frequentemente cede às empresas de tecnologia.

Além disso, mesmo com o elastério concedido pelos usuários, por vezes as práticas comerciais das plataformas ultrapassam até os amplos limites dos contratos de adesão. O caso mais emblemático é a transferência de dados pessoais pelo Facebook à plataforma Cambridge Analytica por meio do aplicativo *"This Is Your Digital Life"*, desenvolvido pelo psicólogo Aleksandr Kogan. O aplicativo solicitava a autorização do usuário para ter acesso aos seus dados e aos dados de seus amigos. Assim, ainda que tenha sido acessado por apenas 270 mil usuários da rede social, o psicólogo teve acesso a dados pessoais de 87 milhões de usuários, porque, para além dos usuários, também foram coletados, sem consentimento ou mesmo ciência, os dados dos amigos dos usuários da plataforma que utilizaram o aplicativo (Revell, 2018).

Ainda que muito abertos, os termos do contrato de uso do Facebook não podem abarcar a autorização para acesso aos dados pessoais dos amigos do usuário aderente. Não obstante, Kogan obteve diretamente com o Facebook os dados de milhões de usuários, incluindo pessoas que sequer souberam da existência desse aplicativo. Em seguida, após tratamento dos dados, vendeu os perfis já organizados à empresa Cambridge Analytica, especializada em marketing político. O episódio ensejou produções cinematográficas[22] e diversas sanções por órgãos regulatórios em vários países.

No Brasil, em dezembro de 2019, Secretaria Nacional do Consumidor (Senacom), do Ministério da Justiça, multou a empresa Facebook em R$ 6 milhões em razão dessa violação. Nos Estados Unidos, em julho de 2019, a Comissão Federal de Comércio (*Federal Trade Commission* - FTC) já havia aplicado ao Facebook multa de US$ 5 bilhões; no Reino Unido, em outubro de 2019, a multa aplicada foi de £500 mil libras esterlinas, enquanto na Itália alcançou €10 milhões de euros.

Assim, ainda que o MCI tenha assegurado o direito da inviolabilidade dos dados pessoais, tais garantias não foram suficientemente impostas às empresas de tratamento de dados. O problema é mundial, seja pela dificuldade em se acompanhar o que é feito com os dados pessoais coletados, pela falta de agências reguladoras dedicadas, ou seja por lacunas no ordenamento jurídico que ainda não acompanhou essas novas atividades.

GARANTIA DE RETIRADA DE CONTEÚDO IMPRÓPRIO

O artigo 19 do MCI determina que o provedor de aplicação deverá retirar o conteúdo por ordem judicial. Em verdade, tal artigo resulta em redução das responsabilidades das empresas que promovem plataformas que permitem a divulgação de conteúdo produzido por terceiros. Vejamos.

A Lei optou por dispensar os provedores de retirar conteúdo mediante o consagrado sistema de *notice and take down* (notificação e retirada). A alternativa adotada passou a exigir a intermediação judicial para a retirada de conteúdo irregular. Segundo o *caput* do artigo 19 tal sistema buscaria assegurar a liberdade de expressão. Tal solução, em que pese atender o pleito das plataformas (Leonardi, 2019), finda por se afastar da ideia da não

---

22   Privacidade Hackeada (The Great Hack) – Netflix, 2019. Brexit – HBO, 2019.

judicialização. Transferindo os custos do processamento dos pedidos de retirada para o Judiciário, vale dizer, para o Erário.

Em verdade, o dispositivo apenas afasta a responsabilidade do provedor de aplicação por conteúdo publicado por terceiro mesmo quando notificado. O autor da publicação – quem de fato realiza a manifestação e exerce a liberdade de expressão – segue de qualquer modo responsável por suas afirmações. O provedor de conteúdo não emite opiniões, apenas veicula manifestações de terceiros. Como se percebe não se está protegendo a liberdade de expressão do provedor de aplicação (que nada expressou) apenas reduzindo os custos com o processamento de requerimentos de retirada de conteúdo (de terceiros) veiculado em sua plataforma.

O texto da lei limita a responsabilidade por danos decorrentes de conteúdo gerado por terceiros se, "após ordem judicial específica", o provedor de aplicações "não tomar as providências para, no âmbito e nos limites técnicos do seu serviço e dentro do prazo assinalado, tornar indisponível o conteúdo apontado como infringente, ressalvadas as disposições legais em contrário" (artigo 19 do MCI).

Esse dispositivo à primeira vista delinearia o dever do provedor de retirar o conteúdo, entretanto, análise mais atenta revela que nada estatui além do dever de cumprir ordem judicial. Sem embargo, não poderia ser diferente sob pena de inconstitucionalidade.

Com efeito, ao afirmar que o provedor de aplicações deverá cumprir ordem judicial, o dispositivo apenas repete a vigência do Estado de Direito. Por sua vez, as limitações levantadas como o hipotético "limite técnico do serviço" ou o simples dever de "tomar providências", mas não responder efetivamente pelo resultado e eficácia dessas providências, não poderiam mesmo justificar o descumprimento de ordem judicial que eventualmente determinasse ao provedor a retirada de conteúdo ilícito.

Nesse sentido, em aparente retrocesso com a tendência mundial e com a Jurisprudência o Superior Tribunal de Justiça, que havia firmado a responsabilidade solidária do provedor de aplicações que, após notificado (ainda que extrajudicialmente) da existência da ilicitude, se negasse a retirar o conteúdo irregular[23]. A partir do Marco Civil tal responsabilidade passou a incidir apenas após a notificação judicial.

O STJ entendeu tão restritiva tal disposição do MCI que continuou a aplicar a responsabilidade subjetiva solidária ao provedor de conteúdo notificado extrajudicialmente sempre que o fato tivesse ocorrido antes da entrada em vigor da nova lei. O usuário não poderia ser penalizado por lei que criou exigência nova, ou seja, a imunidade do provedor à notificação extrajudicial somente adquiriu eficácia para os atos posteriores à lei que reduziu os direitos do usuário. Vejamos o Aresto:

> *"6. Diante da ausência de disposição legislativa específica, este STJ havia firme jurisprudência segundo a qual o provedor de aplicação passava a ser solidariamente responsável a partir do momento em que fosse de qualquer forma notificado pelo ofendido.*
>
> *7. Com o advento da Lei 12.965/2014, o termo inicial da responsabilidade do provedor de aplicação foi postergado no tempo, iniciando-se tão somente após a notificação judicial do provedor de aplicação.*
>
> *8. A regra a ser utilizada para a resolução de controvérsias deve levar em consideração o momento de ocorrência do ato lesivo ou, em outras palavras, quando foram publicados os conteúdos infringentes: (i) para fatos ocorridos antes da entrada em vigor do Marco Civil da Internet, deve ser*

---

23   STJ Terceira Turma. REsp 1642997/RJ. Rel, Min. Nancy Andrighi, j. 12/09/2017, DJe 15/09/2017 e STJ Terceira Turma. 1.735.712 - SP (2018/0042899-4). Rel. Min. Nancy Andrighi, j. 27/05/2020

obedecida a jurisprudência desta corte; (ii) após a entrada em vigor da Lei 12.965/2014, o termo inicial da responsabilidade da responsabilidade solidária do provedor de aplicação, por força do artigo 19 do Marco Civil da Internet, é o momento da notificação judicial que ordena a retirada de determinado conteúdo da Internet."

Merece registro que o sistema de notificação extrajudicial *notice and take down* (notificação e retirada) constava da versão inicial do Projeto de Lei 2126/2011 que reproduzia a sistemática delineada pelo STJ com alguns ajustes. Na mecânica original o provedor uma vez notificado iria informar a representação ao autor do conteúdo que, por sua vez, poderia impugnar o pleito de retirada do conteúdo, mediante contra notificação. Nessa hipótese, de o autor insistir na publicação, apenas ele assumiria a responsabilidade pelo conteúdo e, mais importante, forneceria sua qualificação completa.

Nesses casos não subsistiria a responsabilidade do provedor. Tal modelo asseguraria igualmente a liberdade de expressão, porque quem se expressa é o autor do conteúdo e não a plataforma, porém traria às empresas o ônus de diligências e custos da análise caso a caso. Esse formato foi abandonado na fase de consultas públicas, oportunidade que os provedores de conteúdo apresentaram suas ressalvas ao modelo.

No plano internacional o modelo de notificação extrajudicial, adotado na Europa pelo artigo 14, "b", da Diretiva 2000/31/CE, admite a sistemática de análise administrativa caso a caso pelos provedores de aplicações, que ficam eventualmente sujeitos à responsabilização solidária por conteúdo elaborado por terceiro e publicado pelo provedor. Em 16 de junho de 2015, no precedente *Delfi AS v. Estonia* (ECtHR 64669/09) o Tribunal Europeu dos Direitos Humanos decidiu pela responsabilidade solidária do site de notícias Delfi, da Estônia, por comentários feitos por leitores na seção prevista para interação dos leitores ao final das notícias. A empresa informou nos autos que usualmente retirava de 5 a 10 mil comentários por dia, entretanto houve falha em relação a esses comentários específicos.

O Conselho da Europa debate a sistemática administrativa de *notice and take down* uma vez que há diferentes procedimentos nos diversos países do continente com nuances que afetam a responsabilidade dos provedores e dificultam a abordagem padronizada dos sistemas. Nesse sentido, providenciou estudo[24] acerca das diversas soluções em vigor nos países membros, mas os resultados legislativos ainda não alcançaram a unificação almejada.

Nos Estados Unidos, apesar de comum a providência da notificação administrativa, que surte efeitos na medida em que as postagens possam violar as diretrizes internas ou "regras da comunidade" das plataformas, não há responsabilidade civil pelo conteúdo publicado por terceiros ante a isenção conferida pela seção 230 do Communications Decency Act – CDA (47 U.S.C. § 230). Tal norma de 1996 garante a quem divulgue conteúdo criado por terceiros imunidade contra qualquer responsabilização pelas vítimas de eventual violação. O fundamento é a liberdade de expressão garantida na Primeira Emenda à Constituição.

É importante ressaltar que há exceções contempladas nesses sistemas de proteção aos provedores de aplicação ou editores de conteúdo online. Nesses casos específicos, seja na Europa, nos Estados Unidos ou mesmo no Brasil a retirada de conteúdo não protegido pela liberdade de expressão, vale dizer a proteção a direitos autorais e a vedação a abusos e exploração sexual de crianças e adolescentes, ainda ocorre por meio de notificação extrajudicial e há possibilidade de responsabilização do provedor.

Assim, no Brasil, o artigo 21 do MCI, prevê a simples notificação extrajudicial para a retirada de conteúdo com nudez ou atos sexuais; enquanto o artigo 19, *caput, in fine*, ressalva "disposições legais em contrário", quais sejam, em essência, as normas de proteção a direitos autorais. Da mesma forma, nos

---

24   Conseil de l'Europe (2017) Étude comparative sur le blocage, le filtrage et le retrait de contenus illégaux sur Internet. Strasbourg: Conseil de l'Europe.

Estados Unidos a proteção aos direitos autorais e a proibição à pornografia infantil são exceções ao discurso protegido construídas pela Suprema Corte, portanto não albergadas pela Primeira Emenda, e assim sujeitas ao regime de notificação extrajudicial. Na Europa como visto a regra é a adoção do sistema de notificação extrajudicial não sendo, portanto, tais exemplos excepcionais à regra geral.

LEI GERAL DE PROTEÇÃO DE DADOS – LGPD

A Lei 13.709, de 14 de agosto de 2018, prevista para entrar em vigor em fevereiro de 2020, teve sua vigência adiada para agosto de 2020 por meio da Medida Provisória 869/2018. Depois o Projeto de Lei 1.179/20, do Senado, pretendeu adiar a data para janeiro de 2021, porém foi ultrapassado pela Medida Provisória 959/2020 que postergou a entrada em vigor para maio de 2021. Finalmente, o artigo 4º desta Medida Provisória foi rejeitado pelo Senado, resultando em sua vigência a partir da sanção presidencial em 17 de setembro de 2020.

As sucessivas remarcações para a data de entrada em vigor da LGPD, mesmo considerando o largo tempo inicialmente previsto de *vacatio legis* de 18 meses, indicaram o receio do impacto das novas medidas nas empresas e entidades governamentais. Essas exigências demandam implementação de governança de dados e alteração na cultura de T.I., diligências que não foram ainda implementadas de maneira homogênea nas instituições e empresas do país.

Entretanto, o Brasil, ante o interesse econômico de se beneficiar integralmente do acordo de livre entabulado entre o Mercosul e a União Europeia, não poderia postergar indefinidamente a entrada em vigor da LGPD sob pena de restrições comerciais. Com efeito o GDPR permite o tratamento de dados pertinentes a pessoas residentes na Europa apenas para países que assegurem nível de proteção adequado, a critério da Comissão Europeia.

Mesmo já em vigor, a LGPD precisa demonstrar sua efetividade, o que demanda a instalação da Autoridade Nacional e do Conselho de Proteção de Dados, uma vez que a União Europeia atua segundo a sistemática de avaliar a aplicação concreta das normas nacionais de proteção de dados e sua adequação aos parâmetros europeus:

> "Importante destacar sobre este ponto de que para obter o reconhecimento de adequação ao nível europeu de proteção de dados, requisito inexorável para que empresas brasileiras possam receber dados pessoais de europeus nos termos do artigo 45 do General Data Protection Regulation – GDPR (Regulation 2016/679 EU) deve-se demonstrar a existência de um sistema de ressarcimento de danos aos titulares dos dados pessoais rápido e eficaz." (Pereira de Lima, Moraes, & Peroli, 2020, p. 152)

Referidos autores destacam que a Argentina possui legislação específica e prestou informações à União Europeia acerca da adequação administrativa e jurisprudencial, sendo considerada adequada pela Comissão Europeia em 30 de junho de 2003. No mesmo sentido o Uruguai estabeleceu legislação específica e agência independente de controle obtendo aval da Comissão Europeia em 21 de agosto de 2012. Do mesmo modo, os Estados Unidos estabeleceram no ano 2000 conjunto de medidas conhecidas como *Safe Harbor Framework* para acesso ao mercado europeu. Todavia, em 2015, a Comissão Europeia rejeitou a eficiência desses protocolos e assim, em 2016, os Estados Unidos formularam medidas mais rígidas denominadas *Privacy Shield* para assegurar a manutenção das ligações comerciais.

Mercê dos interesses comerciais brasileiros junto ao bloco europeu e ambição econômica de integrar a OCDE, a relevância da responsabilidade pelo tratamento dos dados pessoais e o impacto doméstico na estrutura das empresas ainda gera incerteza quanto à data de entrada em vigor da lei. Com efeito, LGPD estabelece tanto multas administrativas quanto a possibilidade de reparação cível por danos.

O artigo 42 estabelece expressamente a reparação por dano patrimonial, moral, individual ou coletivo, em razão de violação à legislação de proteção de dados pessoais. Em seguida, no artigo 44, a Lei alarga a possibilidade de reconhecimento de irregularidades[25] sempre que o tratamento não observar a legislação ou mesmo quando o serviço não atender à expectativa de segurança, a qual pode ser determinada de maneira ampla, porque o legislador optou pela técnica legislativa dos *numerus apertus*, ou seja, a Lei não elenca expressamente todas as hipóteses, apenas indica algumas circunstâncias, à guisa de ilustração, para orientar os limites do conceito de segurança esperada.

Dessa forma, esse dispositivo engendra amplos debates acerca da regularidade do tratamento de dados. À primeira vista, a exegese literal aponta para ser irregular a atividade apenas por deixar de observar o uso de técnicas disponíveis na segurança dos dados pessoais como, por exemplo, as exigidas pelo artigo 14, do Decreto 8.771/16, que regulamentou o MCI.

Todavia, a imputação de responsabilidade dependerá da ocorrência de dano e da interpretação sistemática do conjunto de obrigações impostas para o tratamento de dados. As técnicas de segurança evoluem muito rapidamente e os protocolos de segurança são estabelecidos por parâmetros técnicos. Logo, por exemplo, apenas a inobservância de determinada técnica de segurança ainda não disseminada no mercado por si só não deverá acarretar a atribuição de irregularidade.

---

25   Artigo 44. O tratamento de dados pessoais será irregular quando deixar de observar a legislação ou quando não fornecer a segurança que o titular dele pode esperar, consideradas as circunstâncias relevantes, entre as quais:

I - o modo pelo qual é realizado;

II - o resultado e os riscos que razoavelmente dele se esperam;

III - as técnicas de tratamento de dados pessoais disponíveis à época em que foi realizado.

Ocorre que, muitas empresas, ante a existência de custos para implementação de segurança, simplesmente não adotam os padrões técnicos exigidos e as boas práticas recomendadas. Nesse sentido, seja por economia de custos, seja com fins de apropriação intencional de informações, desde as grandes redes sociais, aos aplicativos populares de telefones celulares, passando por empresas onde a informática não é atividade fim, são comuns ocorrências de captura de dados pessoais sensíveis (Doffman, 2020).

A efetividade da LGPD dependerá da capacidade do sistema de impor as regras de proteção. A norma prevê a criação de agência específica, a Autoridade Nacional de Proteção de Dados Pessoais - ANPD, com funções de controle, fiscalização, sancionamento e orientação das atividades de tratamento de dados. Atualmente encontra-se prevista no organograma da Administração Direta, vinculada à Presidência da República, porém tende a se posicionar como autarquia especial, na forma do artigo 55-A, §1º, da LGPD.

A instalação da ANPD, cuja criação se deu pela Lei 13.853/2019, será de suma importância para assegurar efetividade aos direitos dos titulares de dados. A atuação da Autoridade Nacional irá materializar a "Política Nacional de Proteção de Dados Pessoais e da Privacidade" e detalhar as obrigações pertinentes ao tratamento de dados, prestação de contas e segurança. Ao lado da ANPD a Lei prevê, no artigo 58-A, o Conselho Nacional de Proteção de Dados Pessoais e da Privacidade - CNPDPP que irá propor diretrizes estratégicas e fomentar estudos na área.

REGRAS E DIREITOS EXPRESSOS NA LGPD

Ainda que não sejam alistados aqui todos os direitos dos titulares de dados pessoais, destacam-se aqueles relevantes para estudo da responsabilidade civil dos provedores de aplicação e controladores de dados pessoais. Nesse diapasão, apartamos os direitos de ter ciência do tratamento e acesso aos dados coletados; de correção, revogação do consentimento e eliminação de informações; de anonimização; de portabilidade dos dados; e o direito de revisão de decisões automatizadas.

De mesmo giro, os controladores e operadores (artigo 5º, VI e VII, da LGPD) passam a ter o dever de assegurar os direitos dos usuários. A Lei estabelece obrigações acessórias voltadas a assegurar a efetividade desse controle, tais como a obrigação de criar normas de governança em privacidade (artigo 50, §2º, I, da LGPD); de adotar regras de segurança de dados (artigo 50, §2º, I, "a", "b" e "c", da LGPD); de replicar boas práticas, que deverão ser publicadas e reconhecidas pela Autoridade Nacional (artigo 50, §3º, da LGPD); de elaborar planos de contingência (artigo 50, §2º, I, "g", da LGPD); de manter processos permanentes de avaliação de impactos e riscos à privacidade (artigo 50, §2º, I, "d" e "h", da LGPD); de manter registros das operações de tratamento dos dados e apresentar relatórios à Autoridade Nacional (artigo 4º, §3º, da LGPD); e de comunicar incidentes à Autoridade Nacional (artigo 48 da LGPD).

Além disso, o recolhimento de dados deve ser precedido de autorização expressa dos titulares (artigo 7º, I, da LGPD). Ademais a coleta deve se justificar ante o binômio finalidade e necessidade (artigo 6º, I e III, da LGPD), ou seja, os controladores devem ser capazes de informar a finalidade para a qual as informações serão destinadas (artigo 9º, I e V, e §2º, da LGPD) e a necessidade dessa coleta para a atividade ou serviço oferecido ao usuário (artigo 10 §1º, da LGPD).

A CIÊNCIA DO TRATAMENTO E ACESSO AOS DADOS COLETADOS

Os incisos I e II, do artigo 18, da LGPD, asseguram tanto o direito à confirmação da existência de tratamento quanto o acesso aos dados do usuário que estão em poder do controlador. O inciso VII, desse artigo, exige ainda a informação acerca das entidades, públicas ou privadas, com as quais o controlador tenha compartilhado os dados. Os direitos estão vinculados, pois a identificação dos dados tratados depende da ciência da existência do tratamento.

O artigo 43 do Código de Defesa do Consumidor, Lei 8078/1990[26], foi o primeiro a positivar o direito do titular sobre seus dados pessoais, assegurando ao consumidor tanto a ciência da atividade de tratamento quanto o acesso aos seus registros.

A LGPD reconhece a transparência como princípio no artigo 6º, VI, para, em seguida, estabelecer a "garantia, aos titulares, de informações claras, precisas e facilmente acessíveis sobre a realização do tratamento".

A LGPD nesse ponto se beneficiou da norma europeia que lhe serviu de inspiração. O artigo 9º da LGPD (assim como o artigo 13, nº 1, do GDPR) estabelece as informações a serem prestadas quando a coleta de dados se der diretamente com o titular. O controlador irá informar os dados e o contato de quem realiza a coleta e o tratamento, a finalidade do tratamento, o legítimo interesse e para quem os dados serão ou poderão ser repassados. Ademais disso, no artigo 9º, VII, (artigo 13, nº 2, do GDPR) a LGPD elenca a obrigação de o usuário ser informado de seus direitos, tais como os de requerer sejam os dados apagados ou retificados; de reclamar à autoridade de controle interno da empresa, que será o encarregado; ou à autoridade pública, que será, como visto acima, a Agência Nacional (na Europa a autoridade de cada país membro e a *European Data Protection Board*).

---

26   Artigo 43. O consumidor, sem prejuízo do disposto no artigo 86, terá acesso às informações existentes em cadastros, fichas, registros e dados pessoais e de consumo arquivados sobre ele, bem como sobre as suas respectivas fontes.

§ 1º Os cadastros e dados de consumidores devem ser objetivos, claros, verdadeiros e em linguagem de fácil compreensão, não podendo conter informações negativas referentes a período superior a cinco anos.

§2º A abertura de cadastro, ficha, registro e dados pessoais e de consumo deverá ser comunicada por escrito ao consumidor, quando não solicitada por ele.

§3º O consumidor, sempre que encontrar inexatidão nos seus dados e cadastros, poderá exigir sua imediata correção, devendo o arquivista, no prazo de cinco dias úteis, comunicar a alteração aos eventuais destinatários das informações incorretas.

Do mesmo modo, as informações acerca do responsável pelo tratamento devem ser remetidas ao titular dos dados, sempre que as informações coletadas forem transferidas para terceiros, o que também requer o consentimento do titular, na forma do artigo 7º, §5º, da LGPD (artigo 14 do GDPR). O novo responsável pelo tratamento, que não teve contato direto com o titular, deverá promover as comunicações.

O legítimo interesse em realizar o tratamento de dados é exigido pelo art.7º, IX, da LGPD (e pelo artigo 6º, nº 1, "f", do GDPR) o que em tese obstaria a prática estabelecida de coleta indiscriminada de dados dos usuários para mera armazenagem com o propósito de eventualmente encontrar alguma utilidade futura.

Entretanto a questão não é nada simples. Preliminarmente, há a questão da definição jurídica do termo legítimo interesse, o glossário do artigo 5º da LGPD não traz a interpretação autêntica do que seriam suas balizas. Por sua vez a Doutrina aponta o artigo 10 da LGPD como critério para sua delimitação (Cots & Oliveira, 2020, p. 66). O artigo 10 da LGPD, novamente pela técnica legislativa dos *numerus apertus*, indica o escopo do legítimo interesse, com referência ao apoio e à promoção de atividades do controlador; proteção dos direitos do titular; e à coleta de "somente os dados pessoais estritamente necessários para a finalidade pretendida". O mencionado artigo 6º agrega os princípios da necessidade e transparência ao contexto hermenêutico.

Além disso, apesar da sofisticação da construção legislativa, que formulou conceito amplo, passível de integração pela Doutrina e Jurisprudência, a questão de fundo é complexa com grandes interesses, nem sempre legítimos, em jogo. A economia da informação, com arrimo nos megadados (ou big data) se lastreia na capacidade de redesignar seu propósito original, recombinar informações inicialmente não relacionadas ou encontrar correlações inesperadas.

O valor inicial da informação é aquele para o qual ela foi coletada. Assim, por exemplo, quando a Amazon registra os produtos adquiridos, possui não apenas o propósito imediato de gerenciar o estoque e lançar a contabilidade, mas também o objetivo mediato de prover recomendações de novos produtos para o cliente. Esses são os usos projetados para a coleta inicial e, assim, facilmente previsíveis no âmbito do dispositivo legal. Não obstante, seria o mais legítimo informar expressamente que os dados coletados têm o propósito de manejar interesses comerciais, buscando entender as pretensões do consumidor, conduzindo-o a novas atividades de consumo.

Porém, esses dados podem ser recombinados ou reanalisados com novas perspectivas. Essa primeira forma de reaproveitamento da informação é nomeada reutilização (*reuse*) dos dados (Mayer-Schonberger & Cukie, 2013, p. 104). Assim os dados de localização coletados pela empresa de telefonia celular têm valor precípuo para identificar locais onde há necessidade de reforço do investimento em novas torres de transmissão. Porém, essas informações podem ter grande valia para identificar potencial valorização de bairros, onde há incremento do afluxo de pessoas, ou identificação de locais onde há oportunidades de instalação de novos serviços, como restaurantes, comércios, entretenimento. Em 2012, a gigante espanhola Telefônica criou a empresa *Telefonica Digital Insights* para vender análise de dados dessa natureza a terceiros (idem, fls. 107), valendo-se da coleta gratuita de dados pessoais.

Os referidos autores identificam também o chamado uso recombinante de dados (*recombinant data*), pelo qual informações antes não relacionadas são submetidas à análise combinatória. Pesquisadores dinamarqueses recombinaram os dados de todos os 358 mil usuários de telefone celular do país no período entre 1987 e 1995 com todos os quase 11 mil pacientes com tumores no sistema nervoso central no período de 1990 a 2007 para descobrir que não houve diferenças estatisticamente relevantes devido ao uso do aparelho (Frei, et al., 2011).

Finalmente, identificam a classificação do uso extensivo da informação (*extensible data*) onde a coleta já agrega informações cuja utilidade ainda não existe, mas cujo potencial de eventual aproveitamento justifica o custo marginal em sua aquisição. Assim, por exemplo, os veículos da empresa Google que mapeiam as ruas, coletam não apenas as informações necessárias para seus mapas, como também pletora de outras informações, ainda sem perspectiva de uso, mas que poderão ser recombinadas em projetos futuros da companhia. Esse estudo revela que amiúde as empresas, ante os reduzidos custos, armazenam bancos de dados com as coleções mais diversas de registros mesmo sem nenhuma serventia atual (Mayer-Schonberger & Cukie, 2013, p. 106), mas com vistas ao potencial reaproveitamento futuro dessas informações.

Pelo exposto, tal conduta poderia parecer exatamente o que os princípios e diretrizes das leis de proteção de dados pessoais pretendem impedir. É aparente o conflito, pois a LGPD não proíbe o tratamento posterior com novas finalidades, ao contrário, prevê expressamente essa possibilidade em seu artigo 7º, §7º, desde que haja o consentimento, porém impõe alguns custos aos controladores, pois a lei passa a assegurar expressamente a plena informação ao titular dos dados.

Assim, nesse contexto, o controlador de dados pessoais, que muitas vezes ainda não sabe qual será o pleno potencial de utilização dos dados coletados, incorrerá em custos com notificações para atender às obrigações atinentes ao princípio do livre acesso do artigo 9º da LGPD, tais como a finalidade da coleta (inciso I), a duração (inciso II), a finalidade do compartilhamento de dados (inciso V). No mesmo sentido, os direitos do artigo 18 abrangem o acesso à informação (inciso II); a correção (inciso III); a portabilidade dos dados (inciso V); e a eliminação (inciso VI). Evidentemente o reconhecimento desses direitos representará despesas para assegurar o atendimento aos titulares dos dados. Vejamos cada um deles.

A CORREÇÃO, A REVOGAÇÃO DO CONSENTIMENTO E A ELIMINAÇÃO

A LGPD, em seu artigo 18, incisos III, VI e IX, confere ao titular o direito de requerer a correção ou a eliminação de seus dados pessoais dos arquivos do controlador e respectivo operador bem como a revogação do consentimento previamente concedido. Tais direitos, contudo, dependem da efetividade da garantia anterior, ou seja, da possibilidade de o titular dos dados ter ciência da existência do tratamento e de acesso aos dados em posse do controlador.

Mercê da garantia legal, ante a já verificada resistência dos controladores de dados de prestar informações até mesmo às autoridades, munidas de requisição judicial, a possibilidade de o titular de dados impor a correção ou a eliminação dessas informações será essencial para garantir seus direitos fundamentais. A efetiva proteção irá depender em especial da capacidade do Estado de fiscalizar e sancionar os controladores e operadores.

O reconhecimento do direito fundamental à privacidade, do artigo 5º, X, da Constituição Federal, vinculado à proteção dos dados pessoais pelo artigo 1º da LGPD[27], assegura o direito do titular de eliminar os seus registros de bancos de dados privados ou, evidentemente, de exigir as necessárias retificações.

A retificação é corolário dos direitos à personalidade do titular de dados, que pode exigir que os arquivos retratem informações verdadeiras, uma vez que pode não admitir que informações falsas ou incorretas sejam objeto de tratamento. Aqui importa relembrar que o controle dos dados pessoais pelo seu titular está previsto desde 1990 pelo Código de Defesa do Consumidor, porquanto a expressão 'verdadeiros', do artigo 43, §1º, fundamenta o direito à correção de dados pessoais, e isso no prazo de 5 dias do artigo 43, §3º, do CDC. Em sentido semelhante, mais recentemente, a Lei do Cadastro Positivo, Lei 12.414/2011, igualmente determinou a possibilidade de retificação de dados pessoais, aqui o artigo 8º, III, fixou prazo mais curto, de 2 dias, para a retificação. Ademais o artigo 5º, §6º, determina a possibilidade de requisição de encerramento do cadastro de crédito.

Esse direito à eliminação de dados pessoais de arquivos, pela revogação do consentimento ou mesmo pela descoberta de arquivos mantidos sem qualquer consentimento, mencionado na Lei do Cadastro Positivo, terá guarida expressa

---

27   No âmbito da Europa o direito fundamental à privacidade é reconhecido no artigo 8º da Convenção Europeia dos Direitos Humanos de 1950 e essa garantia é vinculada à necessidade de proteção "face ao tratamento automatizado dos dados de carácter pessoal" pelo artigo 1º da Convenção para a Proteção das Pessoas Singulares (pessoas físicas) – Convenção 108 de 28 de janeiro de 1981.

no artigo 5º, XIV, c/c artigo 18, VI, da LGPD (artigo 17, nº1, do GDPR). Entretanto, no Brasil, ao contrário do modelo europeu, o direito não guarda paralelo expresso com o polêmico direito ao esquecimento, reconhecido pela Corte de Justiça da União Europeia[28]. Neste caso o titular dos dados não quer necessariamente que algum fato seja esquecido, mas tão somente que seus dados sejam retirados de determinado arquivo.

Finalmente, a revogação do consentimento assegura o direito de arrependimento, permitindo ao titular que retire seus dados pessoais dos arquivos do controlador, tal medida não se confunde com a portabilidade que será analisada a seguir. A LGPD prevê tal faculdade no artigo 8º, §5º, e no artigo 18, IX, com o propósito de assegurar o pleno controle do titular sobre seus próprios dados.

A PORTABILIDADE DOS DADOS

A LGPD prevê expressamente a portabilidade dos dados do titular, trata-se de reconhecimento do valor da informação e tentativa de devolver o controle sobre os dados pessoais ao respectivo dono. A partir da ideia de que a informação passa à matéria prima na economia da nova era (Castells, 2010, p.8) exsurge o interesse econômico ao valor correspondente dessa mercadoria ou bem da vida (a depender da abordagem econômica ou jurídica).

O direito à portabilidade dos dados assegura ao titular a oportunidade de transferir seus dados, que agora encerram valor intrínseco, a outro controlador. Esse direito abrange a possibilidade de obter os dados de forma estruturada, de sorte a assegurar seu aproveitamento.

O direito à portabilidade de dados pessoais deriva do direito à portabilidade de dados em geral. Na seara corporativa, o autor de conteúdo ou detentor de

---

28   Google Inc. v Agencia Española de Protección de Datos, Mario Costeja González (2014).

dados não raro terceiriza o tratamento para empresa especializada ou, ao menos, se utiliza de software licenciado para a gestão de bancos de dados.

Essa sistemática, padrão do mercado, acarreta dificuldades no momento de renovar os contratos ou buscar alternativas para o serviço. Mesmo o cliente corporativo se vê amiúde aprisionado aos sistemas da empresa controladora, responsável pelo tratamento ou pelo software. Tal armadilha é conhecida como *vendor lock-in* e representa a dificuldade em substituir fornecedor em razão dos custos de transação, tais como financeiros, tecnológicos ou burocráticos exigidos para a troca.

No mercado corporativo, as empresas contam com estratégias para evitar o referido 'aprisionamento tecnológico' tais como a previsão contratual de uso de padrões de APIs usualmente adotadas pelos provedores de nuvens de dados ou que sejam aderentes a modelos abertos como o Open Stack[29].

Todavia, o titular de dados pessoais não conta com as mesmas facilidades para negociar cláusulas de saída ou para exigir o fornecimento de seus dados de maneira estruturada e organizada. Essa previsão do artigo 18, V, da LGPD, assegura então o direito de obter os dados formatados dentro dos padrões de mercado e assim conseguir transportar seus dados pessoais a outro controlador.

A Europa adotou orientações (*guidelines*) para o direito à portabilidade, em abril de 2017, a partir do *Working Party 29*[30], prevendo as medidas técnicas e

---

29   API significa Application Programming Interface (Interface de Programação de Aplicativos) e corresponde às rotinas e aos padrões de software para uso na Internet. Open Stack é um padrão de código aberto utilizado pelos provedores de bancos de dados em nuvem, grosso modo o sistema operacional da nuvem.

30   O chamado Grupo de Trabalho do Artigo 29.º (Working Party 29) foi o grupo de trabalho europeu que cuidou das questões de proteção de dados pessoais e privacidade até 25 de maio de 2018, quando entrou em vigor o GDPR com sua agência, a European Data Protection Board, e respectivas Autoridades de Proteção de Dados de cada Estado membro.

formatos admissíveis para o carregamento de arquivos (Maldonado, 2020, p. 225).

A ANONIMIZAÇÃO

A anonimização é definida pela LGPD em interpretação autêntica do conceito no artigo 5º, XI, como "utilização de meios técnicos razoáveis e disponíveis no momento do tratamento, por meio dos quais um dado perde a possibilidade de associação, direta ou indireta, a um indivíduo".

O dado anonimizado é definido pelo mesmo glossário, no artigo 5º, III, como "dado relativo a titular que não possa ser identificado, considerando a utilização de meios técnicos razoáveis e disponíveis na ocasião de seu tratamento".

A lei brasileira é menos rigorosa que a europeia por optar pelos termos "meios técnicos razoáveis e disponíveis" (artigo 5º) e "quando puder ser revertido com esforços razoáveis" (artigo 12). Além disso, resta expresso na norma brasileira que a anonimização será exigida apenas quando for possível, não sendo obrigação do controlador quando o tratamento for reputado impossível. Essa exceção do "sempre que possível" é repetida nos artigos 7º, IV; 11, II, "c"; 13, *caput*; e 16, II, da LGPD, e pode resultar em interpretação vaga ou maior elastério à autorização.

No modelo europeu, de outro giro, o dado será considerado anonimizado apenas quando o tratamento for irreversível, ou seja, quando impedir por completo a identificação do titular. Na hipótese de o dado ser passível de recuperação, o artigo 4º, nº 5, do GDPR, aplica a nomenclatura pseudonimizado[31].

---

31   Optou-se pelo termo pseudonimização em detrimento da palavra pseudoanonimização porque utilizado na versão oficial do GDPR (RGPD) para Portugal.

A flexibilização da legislação brasileira se fundamenta na dificuldade verificada para impedir a recuperação da identificação da origem dos dados por engenharia reversa. O artigo 13, §4º, da LGPD, prevê a pseudonimização com a mesma definição do GDPR, porém, ao contrário da norma europeia, não entra em detalhes como se dará o seu uso, não desce em minúcias como técnicas de cifragem ou a previsão em códigos de conduta. No modelo brasileiro tais padrões deverão ser colmatados pelo regulamento. Com efeito, desde o advento da legislação europeia, novas técnicas têm desafiado os algoritmos de anonimização e o legislador brasileiro se mostrou sensível aos riscos e custos de indenização que poderiam incorrer as empresas.

A Doutrina tem percebido a redação da norma brasileira como mais adequada, ante o rápido desenvolvimento das técnicas de cifragem bem como das estratégias de desanonimização ou reidentificação (Ruiz, 2020, p. 116).

A REVISÃO DE DECISÕES TOMADAS POR TRATAMENTO AUTOMATIZADO

Decisões tomadas por meio de processamento automatizado de dados pessoais devem ser revistas sempre que requeridas pelo titular de dados afetado pela solução encontrada pelo algoritmo.

A LGPD assegura em seu artigo 20 o direito de solicitar a revisão de decisões tomadas unicamente com base em tratamento automatizado de dados pessoais que afetem seus interesses. Assim, por exemplo, a negativa de crédito, a recusa de tratamento de saúde, ou a seleção para demissão, por exemplo, devem ser revistas por mecanismos não automatizados.

O artigo 20, §1º, assegura, ainda, informações claras acerca de critérios e dos procedimentos utilizados para a decisão automatizada por algoritmos. Vale dizer, além de assegurar a revisão da decisão por agente não automático, i.e., ser humano, deverá deixar claros os critérios do algoritmo. A parte final do dispositivo ressalva a proteção ao segredo comercial.

A norma deriva do GDPR que em seu artigo 22 previu o direito do titular a "não ficar sujeito a nenhuma decisão tomada exclusivamente com base no tratamento automatizado".

Sem embargo das questões de maior relevância mencionadas, como o cadastro de crédito negativo ou negativa de tratamento, inúmeras outras decisões cotidianas são tomadas por algoritmos. Ingressos para espetáculos, descontos em equipamentos, promoções direcionadas, convites. Por exemplo, melhores assentos nas aeronaves são reservados a passageiros frequentes, mas entre os de igual nível, haverá preferência por aqueles que de fato viajam com mais frequência sobre aqueles com pontuação obtida por convênios ou créditos.

Todavia, nem sempre são simples os critérios de escolha, à medida em que diversos sistemas de análise e pontuação são recombinados, máxime com o avanço de rotinas de inteligência artificial, os reais motivos das decisões podem se tornar obscuros e, não raro, resultarem em escolhas absurdas e infundadas. A chamada responsabilidade algorítmica e o controle de resultados preocupa a Doutrina na medida em que as escolhas podem refletir políticas abusivas das empresas ou, mais grave, reproduzir perspectivas discriminatórias extraídas do seio social (Fortes, 2020, p. 437).

OS DEVERES DOS CONTROLADORES DE DADOS

Os controladores, responsáveis pelo tratamento dos dados, como definido pelo artigo 5º, VI, da LGPD, receberam diversas obrigações com o propósito de assegurar a possibilidade de controle sobre suas atividades e de garantir meios de exercício dos direitos dos titulares de dados pessoais.

A partir da nova lei as empresas se tornarão obrigadas a implementar programas de governança corporativa (compliance), com adoção de medidas preventivas de segurança dos dados; acompanhamento permanente de riscos e incidentes; elaboração de relatórios; de regras e procedimentos adaptados à estrutura; à escala e ao volume de suas operações; bem como à sensibilidade dos dados tratados (artigo 50, §2º, I, "c", da LGPD).

As regras de governança e a extensão dos relatórios que poderão ser requisitados pela agência de controle serão objeto de regulamento próprio a ser definido pela própria Autoridade Nacional e pelo Conselho Nacional de Proteção de Dados Pessoais e da Privacidade.

Não obstante, a rotina corporativa já aponta para as medidas aptas ao estabelecimento de tais políticas. Diversas empresas incorporaram às rotinas de governança a preocupação com a proteção dos dados pessoais, ajustando seus respectivos códigos de ética internos e elaborando procedimentos específicos para a segregação de dados e credenciais de acesso. Sistemas de encriptação das informações e acompanhamento da trajetória de dados dentro dos sistemas se tornaram comuns no mercado.

Essas diversas boas práticas, conhecidas como governança digital, *compliance* de dados ou nomes similares têm se espraiado no âmbito das empresas dedicadas ao tratamento de dados e, aos poucos, espera-se que irão alcançar todos os ramos de atividades.

A norma europeia prevê o cargo de *Data Privacy Officer* - DPO, nomenclatura que já indica posição elevada na hierarquia corporativa, com acesso direto à Direção da Empresa. Na Europa tal setor da governança, chefiado pelo DPO, é o responsável pelo acompanhamento específico de riscos, medidas de prevenção, mas também de atendimento ao usuário e às Autoridades Nacionais de cada Estado membro da União (artigo 37 do GDPR).

A LGPD prevê o cargo de encarregado, que apesar de ser a mesma palavra escolhida na tradução oficial do GDPR para o Português[32], recebeu críticas da Doutrina brasileira porque na estrutura empresarial no Brasil o termo encarregado tem normalmente conotação de gerência média sem acesso direto à Diretoria. A natureza da função, própria da atividade de governança, recomenda o contato com a alta administração.

---

32   Consultado em 12/JUL/2020 e Disponível em : https://eur-lex.europa.eu/ legal-content/PT/TXT/HTML/?uri=CELEX:32016R0679&from=PT

Cíntia Rosa Pereira de Lima, por exemplo, chega a perceber o encarregado previsto na LGPD como figura mais parecida com a do "representante" antes previsto no Regulamento 679/2016 do Parlamento Europeu (Lima, 2020, p. 288). Isso porque destaca que o encarregado, definido no glossário do artigo 5º, VIII, da LGPD, possui apenas "atribuições mínimas" tais como receber reclamações de usuários ou "orientar funcionários do controlador quanto às melhores práticas para a proteção de dados pessoais" (Lima, 2020, p. 287). De toda sorte, descarta por completo sua equivalência com o encarregado (DPO) do GDPR:

> "Nota-se que o encarregado, como disciplinado pela LGPD brasileira, não é o Data Privacy Officer, conforme as atribuições, características e responsabilidade prevista no GDPR europeu." (Lima, 2020, p. 293)

Não obstante, o encarregado findou por figurar como agente de tratamento de dados na versão final da lei, porém não poderá ser responsabilizado por danos a terceiros, nos termos do artigo 42 da LGPD. Igualmente, cumpre destacar que o encarregado poderá ser pessoa física, funcionário do controlador; poderá ser terceirizado, atividade conhecida na Europa como *DPO as a service*; ou poderá até mesmo ser pessoa jurídica. A Lei não o impede de cumular funções na empresa, se for funcionário; ou de prestar serviços a diversas empresas, se terceirizado.

Logo, como em qualquer atividade de governança, a preocupação com eventual conflito de interesses é elevada, por isso deverá ser observado se eventuais outras funções prestadas dentro da empresa serão compatíveis com a função de controle ou, do mesmo modo, se outras empresas atendidas pelo terceirizado não aportam alguma modalidade de conflito.

Merece nota a posição da Ordem dos Advogados (de Portugal) que decidiu[33] pela impossibilidade de advogados cumularem a representação de agente de tratamento de dados com a função de encarregado. O conflito de interesses entre a atividade de controle e supervisão da proteção de dados com o patrocínio da defesa do cliente nos parece evidente. Em tal hipótese advogado seria simultaneamente responsável pelo controle e pela defesa da empresa por eventuais falhas desses mesmos controles.

Finalmente, o alcance da LGPD não ficou claramente delimitado quanto à definição de quais empresas deverão obrigatoriamente contar com encarregado de tratamento de dados em seus quadros.

O GDPR, na Europa, por exemplo, prevê critérios objetivos, tais como autoridades ou organismo público (excetuados tribunais no exercício da função jurisdicional); empresas cuja atividade principal importe em tratamento de dados pessoais em grande escala; e atividade principal que importe em tratamento de dados sensíveis (artigo 37, nº1º, "a", "b" e "c", do GDPR).

Porém, neste ponto, ao deixar de se inspirar no GDPR, a LGPD foi menos feliz e promoveu alguma incerteza acerca de quais empresas deverão implementar a função e respectivas obrigações.

O artigo 41, § 3º, da LGPD, deixou a cargo da autoridade nacional a incumbência de estabelecer normas complementares sobre a definição e as atribuições do encarregado, inclusive hipóteses de dispensa da necessidade de sua indicação, conforme a natureza e o porte da entidade ou o volume de operações de tratamento de dados. Entretanto, até o presente momento, ainda não foi instalado tal órgão no âmbito da Presidência da República.

Por outro lado, questão ainda mais delicada, o veto ao §4º desse dispositivo deixou em aberto importante debate jurídico, no aguardo de solução por alteração legislativa. Vejamos.

---

33   Processo 14/PP/2018-G, do Conselho Geral da Ordem dos Advogados, Relator Zacarias de Carvalho, em 28 de setembro de 2018.

O projeto de lei[34] encaminhado para o Palácio do Planalto continha a seguinte redação para o artigo 41, §4º, da LGPD:

> *§4º Com relação ao encarregado, o qual deverá ser detentor de conhecimento jurídico-regulatório e ser apto a prestar serviços especializados em proteção de dados, além do disposto neste artigo, a autoridade regulamentará:*
>
> *I - os casos em que o operador deverá indicar encarregado;*
>
> *II - a indicação de um único encarregado, desde que facilitado o seu acesso, por empresas ou entidades de um mesmo grupo econômico;*
>
> *III - a garantia da autonomia técnica e profissional no exercício do cargo.*

Todo esse texto foi vetado porque a redação do §4º exigia a indicação de pessoa detentora de conhecimentos jurídicos, como requisito para indicação ao cargo de encarregado, o que nas palavras do Presidente da República seria inconstitucional:

> *"ao dispor que o encarregado seja detentor de conhecimento jurídico regulatório, contraria o interesse público, na medida em que se constitui em uma exigência com rigor excessivo que se reflete na interferência desnecessária por parte do Estado na discricionariedade para a seleção dos quadros do setor produtivo, bem como ofende direito fundamental, previsto no*

---

34   Projeto de Lei de Conversão 7 de 2019, relativo à Medida Provisória 869/2018, o qual resultou na Lei 13.853, de 2019.

artigo 5º, XIII da Constituição da República, por restringir
o livre exercício profissional a ponto de atingir seu núcleo
essencial."

Entretanto ao vetar o §4º, o Presidente da República obrigatoriamente também vetou seus três incisos. A rigor a matéria constante dos incisos poderia ter sido redigida em outro parágrafo, como no parágrafo anterior mais afeito à matéria, uma vez que não tratam de assunto necessariamente vinculado à formação do encarregado. Mas, ao serem alinhados abaixo do §4º o veto necessariamente alcançou o conjunto do dispositivo.

Em suma, o veto limitou a possibilidade de a Autoridade Nacional regulamentar os casos em que o operador deverá indicar encarregado. A redação final aponta para a obrigatoriedade de o controlador e o operador serem obrigados a indicar encarregado, em qualquer empresa que manipule dados pessoais, ao menos enquanto não sobrevier a mencionada regulamentação prevista no §3º do artigo 41.

Eventual regulamento por parte da Agência Reguladora irá encontrar óbice na impossibilidade de alterar lei por meio de regulamento. Veja que a possibilidade originalmente prevista na proposta de redação foi vetada por ser inconstitucional. O veto não foi derrubado pelo Poder Legislativo.

A autoridade administrativa não poderia assim expedir regulamento com fundamento em texto de lei inexistente, e ainda mais grave com autorização exatamente igual ao texto vetado por inconstitucionalidade. O sistema à evidência não acomoda a derrubada de veto por regulamento.

Em síntese – ao contrário do modelo europeu, no qual apenas entidades públicas; empresas com tratamento de dados em grande escala; ou de dados sensíveis precisam nomear encarregados – no Brasil todos os controladores e operadores precisarão prover esse cargo, ao menos até a regulamentação prevista no aludido §3º que se afigura urgente.

Tal necessidade se deve ao largo alcance da definição dos agentes de tratamento de dados pessoais (Lima, 2020) que ao fim e ao cabo poderá abarcar empresa de qualquer porte que armazene dados de clientes, como vendas, endereço, números de identificação, data de nascimento, etc.

Talvez o impacto previsto para entrada em vigor da LGPD seja em grande parte pela indefinição de quantas empresas serão afetadas pela necessidade de controle de dados pessoais.

Sem embargo, por enquanto, de *lege lata* todas as empresas que demandam tratamento de dados pessoais deverão ser se amoldar à LGPD. A transição irá exigir adaptações em rotinas, procedimentos e mesmo na própria cultura gerencial das empresas, eis que a informação está cada vez mais impregnada em todos os ramos da Economia. No plano jurídico, as responsabilidades pela segurança de dados deverão ser distribuídas para permitir a previsibilidade indispensável às corretas decisões gerenciais de alocação de recursos.

RESPONSABILIDADE CIVIL

Os direitos dos titulares de dados pessoais reconhecidos pelo ordenamento jurídico, assim como quaisquer direitos, precisam ser efetivados. A materialização do império da lei depende da capacidade de a sociedade impor as obrigações estabelecidas. Em qualquer sistema – da tirania absolutista à democracia participativa – as regras estabelecidas nem sempre serão voluntariamente seguidas. A força normativa por si só não abrange o conjunto do corpo social. Certes, há quem reconheça a importância da lei para a civilização e bem estar comum e se paute por esse vetor ético. Esse seria o imperativo categórico a exigir a conformidade apenas pelo reconhecimento moral que a as regras são benéficas ao conjunto da sociedade.

Sem embargo, Immanuel Kant reconhece a necessidade de mecanismos de responsabilização. Em sua obra A Fundamentação da Metafísica dos Costumes estabeleceu o conceito de imperativo categórico e na Crítica à Razão Prática esclareceu ser próprio dos seres racionais o cumprimento de obrigações legais pelo reconhecimento intelectual[35] da necessidade moral de aderência às regras da sociedade. Entretanto no mesmo contexto reconhece que "o homem (...) sendo afetado por carências e por causas motoras sensíveis, não se pode supor nele uma vontade santa, isto é, tal que não lhe fosse possível esboçar qualquer máxima em contraposição à lei moral." (Kant, 1986, pp. 44 [A 57,58])

---

35   "Para aqueles seres a lei moral, portanto, é um imperativo que manda categoricamente, porque a lei é incondicionada. A relação de tal vontade com essa lei é de dependência (Abhiingigkeit) sob o nome de obrigação (Verbindlichkeit), significa uma compulsão (Notigung), ainda quando só exercitada pela razão comum (...)" - (Kant, 1986; pp. 44 [A 57,58])

Assim, não sendo possível esperar a obediência "santa" das leis por força apenas do imperativo categórico, a responsabilização do infrator ainda será incentivo crucial para a obtenção de patamar civilizatório mínimo de adequação ao ordenamento. A imputação da responsabilidade a quem deixa de observar obrigação é decorrência do juízo moral kantiano. Segundo a moderna Doutrina, essa dicotomia entre obrigação e responsabilidade, resulta "em que a primeira justifica a segunda, e a segunda sanciona a primeira. Esse jogo da responsabilidade ao conceito de uma 'obrigação' é adotado por Kelsen e toda a escola neokantiana." (Farias, Rosenvald e Braga Neto, 2020; p. 34)

A responsabilização ocorre nas esferas cível, administrativa e penal. A conduta ilícita será reprimida tanto por meio de sanções, quando a reprimenda não for vinculada à reparação de prejuízos; quanto por meio da indenização, quando o ofensor for compelido a reparar os danos provocados pela sua conduta irregular. Haverá, portanto, no âmbito da responsabilidade o juízo de retribuição pelo comportamento vedado e o juízo de reparação pela consequência lesiva da conduta. Ambas as modalidades se operam nas três esferas, sendo certo que na seara cível haverá a preponderância da reparação dos prejuízos, mas não se descarta a hipótese de indenizações punitivas (*punitive damages*); bem como, no outro extremo, na seara penal prevalecerá a reprimenda corporal e financeira, porém com a possibilidade de reparação de prejuízos ser diretamente determinada na sentença condenatória ou na transação penal. No âmbito administrativo e disciplinar as modalidades são temperadas para maximização do controle estatal.

Sem embargo da importância das sanções administrativas no âmbito da Lei Geral de Proteção de Dados – LGPD, com previsão de advertências e multas, o presente estudo concentra-se nos aspectos da responsabilidade civil. Anota-se tão somente que o artigo 52 da Lei prevê a possibilidade de aplicação de advertência, com indicação das medidas corretivas necessárias, e multas de até 2% do faturamento da empresa, limitada ao valor de 50 milhões de reais (artigo 52, II e III, da LGPD). As multas previstas nesse dispositivo têm a natureza de *astreintes*, ou seja, multas cominatórias com reiteração diária com o propósito de compelir o infrator a adotar as correções verificadas, artigo 52,

III, da LGPD; e sancionatórias, isto é, com o objetivo de repreender ato ilícito verificado, incidente em momento único, com o intuito de desincentivar o desrespeito ao regramento, artigo 52, II, da LGPD.

O valor limite da multa administrativa previsto no inciso II apesar de significativo para muitas empresas poderá ser irrisório em face de grandes conglomerados voltados ao controle de dados pessoais. A título de exemplo, a multa de 5 bilhões de dólares aplicada pela autoridade administrativa norte-americana ao Facebook foi reputada baixa pelos analistas de mercado, tanto que, como mencionado no Capítulo II, o valor de mercado da empresa na bolsa de valores prontamente subiu em montante superior ao valor da sanção. Nesses casos, a sanção prevista no artigo 52, V, da LGPD – bloqueio dos dados pessoais a que se refere a infração até a sua regularização – poderá se revelar mais importante que a própria multa pecuniária. Assim, se de fato for exequível impor tal sanção e a empresa ficar realmente impedida de operar com os dados pessoais colecionados, poderá rapidamente sofrer prejuízos bem mais significativos do que o limite previsto no inciso II do preceito em tela.

A LGPD não prevê expressamente qualquer sanção criminal. Tampouco cria tipos penais extravagantes como outras leis gerais regulamentadoras (licitação, trânsito, meio-ambiente, eleições etc.). Não obstante, de maneira indireta, a LGPD possui relevância penal porque a partir do acesso a dados pessoais inúmeros delitos podem ser cometidos. A prática delitiva por meio de ferramentas cibernéticas amplia seu alcance e incrementa sua lesividade, em razão disso a Doutrina sugere a criação de agravantes na parte geral (Sydow, 2020; p. 405) e qualificadoras ou causa de aumento de penas em delitos específicos (Sydow & Castro, 2019; p. 131). Por essa óptica, a participação do controlador em crimes cometidos a partir da obtenção ilícita de dados pessoais poderá ser discutida se o acesso aos dados pelo criminoso for, por exemplo, decorrente de erro grosseiro o bastante para configurar o dolo eventual.

A responsabilidade civil, que é o objeto deste capítulo, poderá incidir no tratamento de dados pessoais sempre que o controlador descumprir os deveres de proteção e cuidado impostos pela lei ou pelo contrato. Além da responsabilidade por danos decorrentes do inadimplemento contratual, o Código Civil[36] prevê a responsabilidade por ato ilícito em seu artigo 927, ou seja, o dever extracontratual de reparar danos decorrentes de condutas vedadas.

O provedor de aplicações estará no mais das vezes sujeito à responsabilidade extracontratual, pois ante a disparidade de forças usualmente impõe cláusulas que o desoneram da responsabilidade contratual. Os termos da adesão são redigidos pela empresa fornecedora do serviço e, como visto na introdução, frequentemente não são sequer lidos pelos usuários.

Por outro lado, danos decorrentes da inobservância dos deveres impostos pelo Código de Defesa do Consumidor – CDC, Marco Civil da Internet – MCI ou pela LGPD estarão abarcados na responsabilidade aquiliana por ato ilícito, artigo 186[37], ou por abuso de direito, artigo 187[38], ambos do CC/2002.

No caso de o controlador ou o operador descurar de seus deveres de zelo com os dados pessoais de terceiros a ocorrência de dano poderá ser presumida. Ante a natureza dos dados pessoais em ambiente informático a falha que importe em quebra dos deveres legais irá acarretar danos *in re ipsa*. Com efeito tais danos são presumidos, inexistindo necessidade de sua comprovação, porque o prejuízo é inerente à conduta ilícita do agente de tratamento de dados.

---

36   **Artigo 927:** Aquele que, por ato ilícito (artigos 186 e 187), causar dano a outrem, é obrigado a repará-lo.

Parágrafo único. Haverá obrigação de reparar o dano, independentemente de culpa, nos casos especificados em lei, ou quando a atividade normalmente desenvolvida pelo autor do dano implicar, por sua natureza, risco para os direitos de outrem.

37   **Artigo 186.** Aquele que, por ação ou omissão voluntária, negligência ou imprudência, violar direito e causar dano a outrem, ainda que exclusivamente moral, comete ato ilícito.

38   **Artigo 187.** Também comete ato ilícito o titular de um direito que, ao exercê-lo, excede manifestamente os limites impostos pelo seu fim econômico ou social, pela boa-fé ou pelos bons costumes.

O artigo 42 da LGPD expressamente prevê a reparação dos danos patrimoniais e morais. Ao deixar de observar os deveres estabelecidos pela lei o agente de tratamento de dados irá expor o titular dos dados a risco não permitido. A mera ocorrência desse risco poderá ensejar danos morais. E, comprovado o afastamento do sigilo dos dados pessoais, a ocorrência de prejuízos materiais poderá ser inferida caso a caso. Assim, por exemplo, o controlador que perca o controle sobre dados pessoais, como a identidade, números identificadores e dados de cartão de crédito ou senhas de acesso, irá acarretar prejuízos aos titulares dos dados que terão que trocar cartões, senhas e registros em diversas plataformas. Eventuais despesas realizadas a partir desses dados importarão em despesas com os procedimentos de ressarcimento.

DA RELAÇÃO DE CONSUMO

Aplica-se o CDC às relações entre usuários de plataformas e os respectivos provedores de aplicação. Na sistemática do microssistema consumerista, resta claro que "a exploração comercial da Internet configura relação de consumo." (Farias, Rosenvald, & Braga Netto, 2020, p. 823). Em um primeiro momento, o Superior Tribunal de Justiça - STJ entendeu serem aplicáveis as regras do CDC de maneira uniforme e análoga aos serviços prestados no mundo físico.

Em 2011, decidiu pela responsabilidade objetiva do prestador de serviço de mediação de negócios (*virtual marketplace*) como as plataformas das lojas da B2W Digital, do Mercado Livre e Amazon Brasil, por exemplo.

Em ação de consumidor contra a plataforma Mercado Livre, o STJ decidiu por unanimidade que o fornecedor prestador de serviços responderia objetivamente por falha de segurança do serviço de intermediação, em razão do artigo 14 do CDC. Além da responsabilidade objetiva, o fornecedor não poderia transferir ao consumidor a responsabilidade pelo risco da atividade empresarial explorada. O STJ aplicou o artigo 25 do CDC que veda cláusula contratual que atenue a obrigação do fornecedor. (STJ - REsp 1.107.024/DF, Quarta Turma, Rel. Maria Isabel Gallotti, DJe 14/12/2011)

É curioso tal Acórdão, porque, nesse caso concreto, o consumidor era o vendedor do produto, que adquirira a condição de consumidor do serviço da plataforma de vendas e fora enganado por terceiro de má-fé que se fez passar por comprador.

Em comentário doutrinário, Antônia Klee esclarece:

> "A falha na segurança se enquadra no conceito de serviço defeituoso trazido pelo CDC: 'O serviço é defeituoso quando não fornece a segurança que o consumidor dele pode esperar [...]' (artigo 14, § 1º, do CDC), levando em consideração o modo de seu fornecimento. Isto é, se o modo do fornecimento é eletrônico, e o meio eletrônico acentua a vulnerabilidade do consumidor, o fornecedor deve levar em conta essa circunstância relevante de o risco ser mais alto; sendo maior o risco da atividade explorada pelo fornecedor de serviços, maior será a sua responsabilidade." (Klee, 2015, p. 527)

Em 2012, o STJ responsabilizou por danos morais à honra, também de maneira objetiva, todos os responsáveis da cadeia de consumo, por anúncio erótico falso publicado em classificados na Internet.

EMENTA

> *Responsabilidade civil. Recurso especial. Anúncio erótico falso publicado em sites de classificados na Internet. Dever de cuidado não verificado. Serviços prestados em cadeia por mais de um fornecedor. Site de conteúdo que hospeda outro. Responsabilidade civil de todos que participam da cadeia de consumo Modalidades de Responsabilidade Civil*

(STJ - REsp 997.993 /MG, Quarta Turma, Rel Luis Felipe Salomão, DJe 06/08/2012)

A peculiaridade desse caso foi a responsabilização de todos os diferentes provedores envolvidos na prestação do serviço. Foram responsabilizadas solidariamente a agência de propaganda proprietária do site de anúncios e a rede de televisão proprietária do portal onde o site de anúncios estava hospedado. Em seu voto o Relator reconheceu a conduta culposa do site de anúncios por: "não ter se precavido quanto à procedência do nome, telefone e dados da oferta que veiculou, que reside seu agir culposo, uma vez que a publicidade de anúncios desse jaez deveria ser precedida de maior prudência e diligência, sob pena de se chancelar o linchamento moral e público de terceiros."

Ainda nesse primeiro momento, o STJ estabeleceu a plena incidência do CDC, porque o usuário do serviço, mesmo gratuito, seria consumidor por equiparação. Nesse julgado de 2012, o Min. Luis Felipe Salomão assentou que a Jurisprudência do STJ reconhecia pacificamente desde 2011 a plena aplicação do CDC tanto para os serviços de vendas pela Internet quanto pelos serviços típicos como hospedagens de redes sociais (Orkut, MySpace, grupos e salas de bate papo). Vejamos:

"A terceira premissa necessária ao julgamento consiste na caracterização de **relação consumerista** *existente entre os provedores de Internet e os usuários do serviço.*

No particular, cumpre lembrar que o diferenciador do serviço prestado fisicamente e aquele mediante a utilização da Internet é o ambiente, nada mais.

Nesse passo, **é evidente que o provedor de Internet e seus usuários realizam uma relação de consumo,** *conclusão essa que, em mais de uma oportunidade, foi acolhida pelo STJ,* *verbis: REsp n. 1.186.616-MG, Rel. Ministra Nancy Andrighi, Terceira Turma, julgado em 23.8.2011; REsp n. 1.107.024-DF, Rel. Ministra Maria Isabel Gallotti, Quarta Turma, julgado em 1º.12.2011.*

Por consequência, nos termos do que dispõe o artigo 17 do CDC, o autor, no caso concreto, deve ser considerado **consumidor por equiparação,** *tendo em vista se tratar de terceiro atingido pela* **relação de consumo propriamente estabelecida entre o provedor de Internet e seus usuários."**

(grifos ausentes no original)

(STJ - REsp 997.993 /MG, Quarta Turma, Rel Luis Felipe Salomão, DJe 06/08/2012)

Em 2011, o STJ já tinha claro que apesar de prestarem serviços gratuitos as empresas auferiam lucros a partir da frequência e popularidade de suas aplicações. O Min. Luis Felipe Salomão deixou clara a compreensão que era o usuário quem gerava o lucro da empresa, por ser o público-alvo da publicidade.

"É de se ter em mente que as redes sociais - ou outros sítios que oferecem serviço de hospedagem na rede mundial -, ainda que se intitulem como um serviço gratuito, este refere-se apenas aos usuários que se hospedam nesses ambientes virtuais.

O lucro dos provedores hospedeiros, como é o caso do Orkut, dentre outras fontes, é extraído de serviços de publicidade, os quais serão tanto mais eficientes quanto maior for o número de acesso (ou usuário).

(STJ, REsp 1.175.675/RS, rel. Min. Luis Felipe Salomão, j. em 09-08-2011)

Naquele mesmo momento a Min. Nancy Andrighi já registrou que, além de público-alvo de publicidade, como no modelo de negócios da televisão aberta, os usuários agregavam valor justamente pela possibilidade de coleta de seus dados pessoais:

> "No caso do GOOGLE, é clara a existência do chamado cross marketing, consistente numa ação promocional entre produtos ou serviços em que um deles, embora não rentável em si, proporciona ganhos decorrentes da venda de outro. Apesar de gratuito, o ORKUT exige que o usuário realize um cadastro e concorde com as condições de prestação do serviço, **gerando um banco de dados com infinitas aplicações comerciais.**" (grifos ausentes no original)
>
> (STJ - REsp 1.193.764 /SP, Terceira Turma, Rel. Nancy Andrighi, DJe 08/08/2011)

Merece destaque que nessa fase inicial a Jurisprudência do STJ havia estabelecido no referido julgado paradigma do REsp 1.175.675/RS, relatado pelo Min. Luis Felipe Salomão, não ser necessário que o autor alistasse todas a URLs onde a informação a ser retirada dos servidores se encontrava. Afinal, segundo o raciocínio da época, o Google teria como carro chefe as buscas de dados em toda a Internet e deveria ser capaz de encontrar sozinho pelo menos os dados em seus próprios servidores[39].

---

39   EMENTA   CIVIL E PROCESSUAL CIVIL. MENSAGENS OFENSIVAS À HONRA DO AUTOR VEICULADAS EM REDE SOCIAL NA INTERNET (ORKUT). MEDIDA LIMINAR QUE DETERMINA AO ADMINISTRADOR DA REDE SOCIAL (GOOGLE) A RETIRADA DAS MENSAGENS OFENSIVAS. FORNECIMENTO POR PARTE DO OFENDIDO DAS URLS DAS PÁGINAS NAS QUAIS FORAM VEICULADAS AS OFENSAS. DESNECESSIDADE. RESPONSABILIDADE

Finalmente o STJ havia assentado o entendimento de ser a obrigação do provedor de aplicação a retirada do conteúdo a partir da notificação extrajudicial e no prazo de 24 horas. Naquele momento o STJ ainda aderia à sistemática de *notice and take down* (notificação e retirada) extraída do microssistema do CDC[40], a qual foi posteriormente abandonada com o advento do artigo 19 do MCI.

TÉCNICA EXCLUSIVA DE QUEM SE BENEFICIA DA AMPLA LIBERDADE DE ACESSO DE SEUS USUÁRIOS.

1. O provedor de Internet - administrador de redes sociais -, ainda em sede de liminar, deve retirar informações difamantes a terceiros manifestadas por seus usuários, independentemente da indicação precisa, pelo ofendido, das páginas que foram veiculadas as ofensas (URL's).

2. Recurso especial não provido.

(STJ, REsp 1.175.675/RS, Rel. Luis Felipe Salomão, j. em 9-8-2011)

40   EMENTA - RESPONSABILIDADE CIVIL. INTERNET. REDESSOCIAIS. MENSAGEM OFENSIVA. CIÊNCIA PELO PROVEDOR. REMOÇÃO. PRAZO.

1. A velocidade com que as informações circulam no meio virtual torna indispensável que medidas tendentes a coibir a divulgação de conteúdos depreciativos e aviltantes sejam adotadas célere e enfaticamente, de sorte a potencialmente reduzir a disseminação do insulto, minimizando os nefastos efeitos inerentes a dados dessa natureza.

2. Uma vez notificado de que determinado texto ou imagem possui conteúdo ilícito, o provedor deve retirar o material do ar no prazo de 24 (vinte e quatro) horas, sob pena de responder solidariamente com o autor direto do dano, em virtude da omissão praticada.

3. Nesse prazo de 24 horas, não está o provedor obrigado a analisar o teor da denúncia recebida, devendo apenas promover a suspensão preventiva das respectivas páginas, até que tenha tempo hábil para apreciar a veracidade das alegações, de modo a que, confirmando-as, exclua definitivamente o perfil ou, tendo-as por infundadas, restabeleça o seu livre acesso.

RESPONSABILIDADE NO MARCO CIVIL DA INTERNET

A Lei 12.965/2014 trouxe nova perspectiva dogmática alterando o enquadramento da ampla responsabilidade do prestador de serviços de Internet dado pela Jurisprudência com lastro no microssistema consumerista. Em razão disso, reverteu-se o entendimento do Acórdão do REsp 997.993/MG julgado em 2012, acima referido, segundo a qual "o diferenciador do serviço prestado fisicamente e aquele mediante a utilização da Internet é o ambiente, nada mais".

Com efeito, nessa segunda fase, a Jurisprudência começou a reconhecer que os serviços de tratamento de informação e a prestação de serviços na Internet possuem peculiaridades suficientes para transformar a própria natureza da relação jurídica entabulada. Seja pela impossibilidade de atender as mesmas expectativas de segurança e certeza do mundo físico, seja pelo assombroso volume de transações e comunicações cibernéticas, seja pela impossibilidade técnica de bloqueio de conteúdo, repressão a ofensas ou mesmo identificação de responsáveis.

O MCI estabeleceu rol de deveres específicos, voltados a criação de ferramentas para permitir maior controle e supervisão das atividades virtuais. Determinou a guarda dos registros de acesso, para possibilitar o rastreio de

---

4. O diferimento da análise do teor das denúncias não significa que o provedor poderá postergá-la por tempo indeterminado, deixando sem satisfação o usuário cujo perfil venha a ser provisoriamente suspenso. Cabe ao provedor, o mais breve possível, dar uma solução final para o conflito, confirmando a remoção definitiva da página de conteúdo ofensivo ou, ausente indício de ilegalidade, recolocando-a no ar, adotando, nessa última hipótese, as providências legais cabíveis contra os que abusarem da prerrogativa de denunciar.

5. Recurso especial a que se nega provimento

(STJ - REsp 1.323.754/RJ, Terceira Turma, Rel. Nancy Andrighi, DJe 28/08/2012)

responsáveis por condutas no ciberespaço, a disponibilização de conteúdo pelos provedores de aplicação e delimitou responsabilidades dos atores da complexa cadeia de distribuição e tratamento de informações.

Certamente, vários deveres até então estabelecidos pela Jurisprudência foram paulatinamente revistos à luz do MCI. Por exemplo, no tocante à exigência da indicação da URL das páginas a serem removidas, a Segunda Seção do STJ assentou o novo entendimento ao julgar o REsp 1.512.647/MG (STJ - Segunda Seção, Rel. Min. Luis Felipe Salomão, j. 13/05/2015, DJe 05/08/2015) de maneira a atribuir ao autor da ação o ônus de indicar a URL das páginas objeto do pedido de retirada.

A necessidade de indicação de todas as URL como condição *sine qua non* se tornou tão arraigada na Jurisprudência do STJ pós 2015 que, em 2018, o Tribunal assentou não ser possível ao autor indicar nova URL, onde eventualmente o mesmo conteúdo houvesse sido replicado, devendo o escopo da sentença limitar-se à retirada das URLs alistadas na instrução. Assim não é possível ao autor indicar ulteriormente para o provedor sucumbente nova URL com o mesmo conteúdo para remoção se acaso identificar que o conteúdo danoso tenha se espraiando em novos locais do serviço prestado pelo réu, no caso, por exemplo, o YouTube.

O Tribunal de Justiça de São Paulo[41] havia encontrado a solução de autorizar a autora vítima do vídeo ofensivo a comunicar diretamente ao YouTube o

---

41   "Não há se falar, no entanto, em obrigação perpétua da corré apelante, porquanto, nos limites da lide (artigo 128 do Código de Processo Civil), a obrigação pretendida jungia-se a retirar os vídeos existentes no Youtube, e seria inócua a retirada apenas dos vídeos já existentes na plataforma até o trânsito em julgado, podendo-se, logo em seguida, postar-se um outro com o mesmo conteúdo na mesma plataforma virtual de onde a autora pretende ver as imagens retiradas, caso em que seria supérflua a prestação jurisdicional. Consigne-se que, muito embora não restem configurados os danos morais na audição em comento, a coordenação da corré GOOGLE, em si, não foi objeto de apelo, mas apenas a sua extensão, e o que com ela se pretende é a cessação

endereço de eventuais novas postagens do mesmo vídeo para respectiva retirada:

Entretanto, o STJ rejeitou tal solução, reformando o Acórdão do TJSP de 2015, o qual ainda que pudesse ter sido viável no momento da sentença[42],

---

da divulgação das cenas, na plataforma indicada ("Youtube"), que certamente causam incômodo à autora.

A forma de notificação da autora, informando a GOOGLE das páginas com o conteúdo de tal vídeo não foi, de fato, objeto da sentença, restando consignar, neste recurso, que bastará qualquer notificação, judicial ou extrajudicial, descrevendo o URL das páginas do "Youtube" contendo o vídeo em comento, para que seja daquele retirado, se de forma diversa não dispuserem as partes.

(TJSP - 1ª Câmara de Direito Privado - Apelação 0013293-38.2011.8.26.0071 - Bauru, Rel. Rui Cascaldi, 15/04/2015)

42   EMENTA - CIVIL E PROCESSUAL CIVIL. RESPONSABILIDADE CIVIL DO PROVEDOR DE APLICAÇÃO. YOUTUBE. OBRIGAÇÃO DE FAZER. REMOÇÃO DE CONTEÚDO. FORNECIMENTO DE LOCALIZADOR URL DA PÁGINA OU RECURSO DA INTERNET. COMANDO JUDICIAL ESPECÍFICO. NECESSIDADE.

1. Ação ajuizada 08/04/2011. Recurso especial interposto em 06/08/2015 e atribuído a este Gabinete em 13/03/2017.

2. Necessidade de indicação clara e específica do localizador URL do conteúdo infringente para a validade de comando judicial que ordene sua remoção da Internet. O fornecimento do URL é obrigação do requerente. Precedentes deste STJ.

3. A necessidade de indicação do localizador URL não é apenas uma garantia aos provedores de aplicação, como forma de reduzir eventuais questões relacionadas à liberdade de expressão, mas também é um critério seguro para verificar o cumprimento das decisões judiciais que determinar a remoção de conteúdo na Internet.

4. Em hipóteses com ordens vagas e imprecisas, as discussões sobre o cumprimento de decisão judicial e quanto à aplicação de multa diária serão arrastadas sem necessidade até os Tribunais superiores.

porque ainda na mecânica anterior ao MCI, já estaria incompatível com a nova sistemática:

No entanto, a regra do MCI por reduzir o controle sobre os registros e mitigar direitos dos consumidores, não retroagiu para incidir a casos anteriores a sua vigência. Em ação contra o YouTube, julgada em 2019[43], o STJ manteve condenação por danos morais ao Google por não retirar conteúdo após notificação extrajudicial, por ser anterior à vigência do Marco Civil. Por sua vez, no julgado acima ementado (REsp 1.698.647/ SP) a Terceira Turma reconheceu a plena aplicação do artigo 19 para os casos posteriores à vigência do MCI.

A questão aguarda análise no Supremo Tribunal Federal, que reconheceu a repercussão geral dos Recursos Extraordinários 1.057.258 e 1.037.396, onde será feita a análise dos temas representativos de controvérsia 533 e 987, que cuidam respectivamente do dever de empresa hospedeira de sítio na Internet fiscalizar o conteúdo e de retirá-lo quando ofensivo, sem intervenção do Judiciário; e da constitucionalidade do artigo 19 do MCI, quanto à necessidade de prévia e específica ordem judicial de exclusão de conteúdo para a responsabilização

---

5. A ordem que determina a retirada de um conteúdo da Internet deve ser proveniente do Poder Judiciário e, como requisito de validade, deve ser identificada claramente.

6. O Marco Civil da Internet elenca, entre os requisitos de validade da ordem judicial para a retirada de conteúdo infringente, a "identificação clara e específica do conteúdo", sob pena de nulidade, sendo necessário, portanto, a indicação do localizador URL.

7. Na hipótese, conclui-se pela impossibilidade de cumprir ordens que não contenham o conteúdo exato, indicado por localizador URL, a ser removido, mesmo que o acórdão recorrido atribua ao particular interessado a prerrogativa de informar os localizadores únicos dos conteúdos supostamente infringentes.

7. Recurso especial provido.

(STJ - REsp 1.698.647/ SP, Terceira Turma, Rel. Nancy Andrighi, DJe 15/02/2018)

43   STJ - Terceira Turma. REsp 1.591.179 – CE. Rel. Villas Bôas Cueva, j.12.08.2019. No mesmo sentido:

civil de provedor de Internet, websites e gestores de aplicativos de redes sociais por danos decorrentes de atos ilícitos praticados por terceiros.

A esse respeito, Chiara Spadaccini de Teffé da UFRJ sintetiza a reviravolta jurisprudencial decorrente da alteração legislativa.

> *"Entretanto, conforme destacado no Recurso Especial 1.512.647, a nova lei de regência para a matéria (Lei n. 12.965/2014) estabelece, como regra, que 'a responsabilidade civil do provedor de Internet consubstancia responsabilidade por dano decorrente de descumprimento de ordem judicial', previsão essa que se distancia da jurisprudência desenvolvida pelo STJ em anos anteriores, a qual, para extrair a conduta ilícita do provedor, contentava-se com a sua inércia após notificação extrajudicial." (Teffé & Souza, 2019, p. 20)*

O MCI também afetou os prazos antes estabelecidos pelo STJ para guarda dos registros pelos provedores de aplicação. Como explica o Prof. Marcel Leonardi, que foi diretor do Google Brasil entre 2011 e 2018, ou seja, no período de elaboração e início de vigência do MCI: "o Superior Tribunal de Justiça havia definido, em julgamento de 2013, que existia um dever de retenção de dados de usuários por parte de provedores, e que o prazo de guarda dessas informações deveria ser de três anos.[44]". (Leonardi, 2019, p. 104).

Com efeito, antes da vigência do MCI, a Min. Nancy Andrighi desenvolvera o entendimento de que as prestadoras de serviços de Internet estariam sujeitas ao dever legal de registro de suas atividades durante o prazo prescricional de eventual ação de reparação civil. Tal prazo fora extraído da vedação constitucional ao anonimato combinada com a obrigação da empresa

---

44   (STJ - REsp 1.398.985/MG, Terceira Turma, Rel. Nancy Andrighi, j. 19/11/2013)

conservar em boa guarda os registros concernentes a sua atividade enquanto não ocorrer prescrição, isto é, com lastro no artigo 5º, IV, da Constituição Federal, e no artigo 1.194, do Código Civil[45]. Porém, após a entrada em vigor do MCI, ante a expressa previsão de seis meses, do artigo 15 da Lei, o STJ acolheu a alteração e passou a adotar o prazo mais reduzido.

Entretanto, nem toda a exegese posterior ao MCI foi restritiva quanto às obrigações dos provedores. Por exemplo, a Corte adotou o entendimento da necessidade de guarda e fornecimento dos registros de I.P. dinâmico com as respectivas máscaras. O padrão único de identificação do I.P. imaginado na década de 1960 e instituído em 1981, o IPv4, encontra-se saturado. Com apenas 4,5 bilhões de combinações desde há muito já não é suficiente para acomodar todos os pontos de acesso à Internet. Assim, adotou-se o paliativo de compartilhar o mesmo I.P. com diversos usuários por meio de máscaras, dificultando a identificação do usuário.

Em 1998, foi desenvolvido o padrão IPv6, regulamentado em 2011, que aos poucos substitui o sistema anterior que se esgotou no Brasil em 2014. O IPv6 acomoda número ilimitado de dispositivos[46] mas a sua implementação ainda é incompleta. O STJ decidiu que o dever de guarda do MCI abarca o registro do horário exato do acesso e da respectiva máscara do IP no padrão IPv4. O Ministro Paulo de Tarso Sanseverino debateu extensivamente essa questão no REsp 1.622.483 – SP (STJ – Terceira Turma, DJe: 18/05/2018) e o STJ, no ano seguinte, assentou esse entendimento pela obrigatoriedade de fornecimento da porta lógica no REsp 1784156 / SP (Terceira Turma - Rel. Min. Marco Aurélio Bellizze, j. 21/NOV/2019): "Desse modo, sempre que se tratar de IP ainda não migrado para a versão 6, torna-se imprescindível o fornecimento da porta

---

45   STJ - REsp 1.785.092/ SP, Terceira Turma, Rel. Nancy Andrighi, DJe: 09/05/2019; e REsp 1622483/SP, Terceira Turma, Rel. Paulo de Tarso Sanseverino. DJe 18/05/2018.

46   Em verdade 340 undecilhões de endereços distintos, $3,4 \times 10^{38}$ combinações

lógica de origem por responsável pela guarda dos registros de acesso, como decorrência lógica da obrigação de fornecimento do endereço IP".

RESPONSABILIDADES PREVISTAS NA LGPD

A Proteção de Dados Pessoais aporta novo plexo de obrigações aos controladores de dados pessoais de terceiros. Os agentes de tratamento de dados deverão contar com estruturas especializadas para suportar o atendimento a demandas formuladas tanto pelos titulares de dados quanto pela Autoridade Nacional.

Impende analisar a natureza da responsabilidade civil dos agentes de tratamento de dados por danos promovidos a titulares de dados pessoais. Como visto acima, neste capítulo, há interesse econômico no aproveitamento de dados e os titulares foram reconhecidos como consumidores por equiparação. Todavia a aplicação do microssistema consumerista não incide direta e totalmente ante especificidades da atividade de tratamento de dados. Nesse ponto a LGPD figura como lei especial em face do CDC, porém não seria adequado rotular a disciplina do Direito Digital como nanossistema de dados pessoais ante o microssistema consumerista, porque como visto na Introdução a tendência é de a Informática e a Cibernética se tornarem centrais nos mais diversos ramos do Direito à medida em que avançamos rumo à Era da Informação.

Destacam-se os temas da responsabilidade civil quanto a seu fato gerador, se contratual, aquiliana ou ambas. Em seguida, a espécie de responsabilidade quanto ao fundamento, se subjetiva ou objetiva. Além disso, se a responsabilidade é solidária, e, em caso positivo, quais agentes a solidariedade abarcaria. Finalmente, se a atividade de tratamento comporta a incidência da função sancionadora da responsabilidade civil, por meio de indenização punitiva (*punitive damages*) como mecanismo de controle.

O REGIME DA RESPONSABILIDADE CIVIL NA LGPD

A divisão teórica entre responsabilidade civil *stricto sensu* (delitual ou aquiliana) e a responsabilidade contratual (negocial ou obrigacional) é tratada como regime pela Doutrina (Farias, Rosenvald, & Braga Netto, 2020, p. 96). No caso da responsabilidade pelos danos decorrentes da atividade de tratamento de dados pessoais ambos os regimes incidem para a promoção da reparação de danos patrimoniais e existenciais.

A violação de contratos entabulados entre usuário de serviços e controladores de dados irá ensejar a indenização correspondente aos danos ou limites fixados em cláusulas penais e limitadores de responsabilidade. Porque os contratos, em sua quase totalidade, serão de adesão e, assim, naturalmente os debates irão abordar o afastamento de cláusulas abusivas. Ante o artigo 8º, §4º, que considera nulas as cláusulas genéricas de consentimento, e eventuais cláusulas, extraídas sob pena de bloqueio a serviços não raro essenciais, poderão ser desafiadas e talvez não sejam o bastante para imunizar os provedores das respectivas responsabilidades[47].

A responsabilidade aquiliana, não obstante, será a principal razão das reparações pela atividade de tratamento de dados. A divergência entre as atuais práticas do mercado e as medidas exigidas pelas diversas legislações pertinentes irá ensejar a incidência dos artigos 186, 187, 927 e, em especial, do disposto no 927, parágrafo único, do Código Civil, que regulam a responsabilidade por ato ilícito.

---

47   O tema se afasta do objetivo precípuo desse estudo, porém pode ser aprofundado nos trabalhos de Bruno Bioni (2019), Proteção de Dados Pessoais: a função e os limites do consentimento; e Bruno Miragem (2020, p. 77) A LGPD e o Direito do Consumidor.

A principal polêmica versa acerca da necessidade de demonstração da culpa do agente de tratamento de dados para o reconhecimento de responsabilidade, ou seja, se se trata de responsabilidade subjetiva ou objetiva. E se subjetiva qual o standard de conduta a ser observado para a imputação da responsabilidade.

Corrente minoritária entende ser necessário demonstrar a culpa do agente de tratamento na ocasião do dano. Essa prova deverá ser lastreada em evidência de não observância das medidas de segurança para o tratamento dos dados. A parte prejudicada deverá demostrar, por exemplo, o descumprimento do previsto nos artigos 46 e 49 da LGPD, cujos detalhes ainda dependem, como visto no Capítulo anterior, de regulamento a ser editado pela Autoridade Nacional; ou o descumprimento de algum dos deveres expressos na própria LGPD, como a falta de comunicação de incidentes do artigo 48, a ausência de regras e programa de governança de privacidade específicos para a empresa do artigo 50 etc.

Essa corrente é defendida pela Professora Gisele Guedes da UERJ e da PUC-Rio (Guedes, 2020; p. 248), que aponta que o artigo 43 da LGPD prevê situações de exclusão da responsabilidade, assim, segundo tal linha de raciocínio, porque a LGPD impõe rol de deveres, a responsabilidade civil não poderia ser objetiva. Nesse caso, a imputação de responsabilidade dependeria da prova de descumprimento de deveres legais ou regulamentares por parte dos agentes de tratamento de dados.

Sem embargo, tal prova pode se revelar bastante intricada tanto material quanto processualmente. No plano material, muitas vezes será preciso apresentar o cotejo das rotinas e procedimentos internos do controlador e do operador com aqueles que seriam adequados às boas práticas e salvaguardas da indústria conforme os artigos 32 e 50 da LGPD e correspondentes regulamentos. No plano processual, por sua vez, irá exigir o manejo de cautelares probatórias, ações exibitórias e produção de perícias para materializar a responsabilização e prestação de contas, reconhecidas como princípios no artigo 6º, X, da LGPD. Ademais, a responsabilidade objetiva tradicional admite excludentes, como, por exemplo, a culpa exclusiva da vítima o a própria força maior. Na prática, todavia, a descoberta[48] dessas informações indispensáveis para caracterizar a desconformidade necessária ao reconhecimento da culpa pode revelar-se inviável ou de extrema onerosidade.

Posição eclética é defendida por João Quinelato de Queiroz, que analisou a responsabilidade civil na Internet, em sua tese de Mestrado na UERJ, e, em artigo com sua orientadora, propõe "modelo, por assim dizer, mais maduro de responsabilização civil, no qual se vai além da responsabilidade dos agentes, tendo-se em vista, especialmente, a evitação de danos." (Moraes & Queiroz, 2019, p. 134). Os autores realçam o aspecto não patrimonial dos direitos da personalidade a proteger os dados" pessoais e, em razão disso, sugerem ferramentas preventivas e não compensatórias como mais eficazes. Assim propõem o que chamam de responsabilidade ativa ou proativa, que seria inspirada no modelo europeu do GDPR, para exigir que o encarregado apresente a demonstração da conformidade ou compliance com as leis de proteção de dados e com as regras da própria corporação.

Com efeito a LGPD assegura a "demonstração, pelo agente, da adoção de medidas eficazes e capazes de comprovar a observância e o cumprimento das normas de proteção de dados pessoais e, inclusive, da eficácia dessas medidas" (artigo 6º, X). Logo, "qualquer empresa que processe dados pessoais, terá não apenas que cumprir a lei, mas também terá que provar que está em conformidade com a Lei" (*ibidem*, p. 130).

Em Editorial da Civilística, sua orientadora, Maria Celina Bodin de Moraes, esclarece que a responsabilidade proativa não se confunde com a responsabilidade civil subjetiva, mitigada pela inversão do ônus da prova, já

---

48   O sistema processual norte-americano contempla de maneira mais eficiente a fase de coleta de evidências para a instrução judicial, regulando fase, chamada de *discovery*, a permitir sejam amealhadas provas bastantes à justa causa da demanda. O nosso sistema, ainda preso à produção sucessiva de provas em juízo, resulta menos apropriado à ações corporativas ou à análise de rotinas complexas.

prevista expressamente no artigo 42, §2º, da Lei, mas de autêntico novo sistema de prevenção criado pela LGPD. Não obstante, ressalta o entendimento de que melhores resultados, do ponto de vista da efetiva proteção aos dados do titular, poderiam ser alcançados pela adoção do sistema da responsabilidade objetiva. Destaca-se: "Em conclusão, vê-se que o legislador, embora tenha flertado com o regime subjetivo, elaborou um novo sistema, de prevenção, e que se baseia justamente no risco da atividade. Tampouco optou pelo regime da responsabilidade objetiva, que seria talvez mais adequado à matéria dos dados pessoais, porque buscou ir além na prevenção, ao aventurar-se em um sistema que tenta, acima de tudo, evitar que danos sejam causados." (Moraes, 2019).

O professor da AMBRA, Rafael Dresch, também percebe a hipótese do surgimento de responsabilidade que trata como 'objetiva especial', fundada no artigo 44 da LGPD: "a fundamentação da responsabilidade civil na LGPD tem como enunciado normativo chave o do seu artigo 44 que define um dever geral de segurança aos agentes de tratamento, cuja violação geradora de danos a outrem ensejará a responsabilização civil." (Dresch, 2020). Esse dever, quando o serviço deixar de oferecer a segurança esperada, caracterizaria o tratamento irregular de dados, a ser compreendido como defeito do serviço, o que atrairia a responsabilidade objetiva do artigo 14 do CDC. Essa responsabilidade especial ainda não se equipararia à responsabilidade objetiva pura porque, como explica o professor, incidirão elementos de mitigação, tais como a avaliação da segurança dos dados a partir da análise dos padrões de conduta adotados bem como da boa-fé objetiva do agente, de suas medidas de governança, boas práticas e investimento nas certificações a serem apontadas pela Autoridade Nacional.

Diversos autores, por outro lado, trilham claramente a abordagem da responsabilidade civil objetiva. Cíntia Rosa de Lima, Emanuele Pezati de Moraes e Kevin Peroli, partem da análise sistemática da LGPD em cotejo com o CDC. O CDC é o referencial teórico adotado porque o artigo 45 da LGPD prevê a aplicação do microssistema consumerista sempre que verificada relação de consumo. Por sua vez, anotam que o STJ reconheceu a aplicação da legislação consumerista ante o caráter econômico dos serviços prestados, ainda que à primeira vista gratuitos, pois basta a ocorrência da remuneração indireta. O próprio CDC em seu artigo 29 abarca expressamente as pessoas expostas às práticas comerciais.

Mesmo sem recorrer ao CDC, a responsabilidade civil objetiva deriva diretamente da regra geral do artigo 927, parágrafo único, do Código Civil, ante a incidência da teoria do risco da atividade ou empreendimento. De fato, a atividade apresenta notório risco, ao articular o tratamento intensivo de dados pessoais, com grandes bases de dados e ferramentas com incrível capacidade de processamento.

Por fim, analisando diretamente a LGPD, apontam que os artigos 42 e 43 da Lei não fazem qualquer menção à culpa dos agentes de tratamento para aplicar a responsabilização. Aliás, o artigo 43, II, traz hipótese específica e restritiva de exclusão, o que confirma a responsabilidade objetiva, com essa exceção. Portanto deliberam pela responsabilidade objetiva: "A questão foi respondida comparando a estrutura da LGPD com o Código de Defesa do Consumidor para se concluir que a responsabilidade é objetiva." (Pereira de Lima, Moraes, & Peroli, 2020, p. 158).

Cristiano Chaves de Farias, Nelson Rosenvald e Felipe Braga Netto seguem a mesma linha na obra Curso de Direito Civil, ou seja, apontam a responsabilidade objetiva fundada no CDC: "Afirme-se, em linha de princípio, que aos provedores de Internet se aplica o CDC. Mesmo quando não haja remuneração direta, há remuneração indireta. As vítimas, não importa quem sejam, são consumidores por equiparação." (Farias, Rosenvald, & Braga Netto, 2020, p. 831). Especificamente quanto à LGPD afirmam: "As hipóteses de excludente de responsabilidade civil – seguindo uma tendência contemporânea – são estritas e se assemelham àquelas previstas no Código de Defesa do Consumidor." (*ibidem*; fls. 846).

Laura Schertel Mendes e Danilo Doneda também advogam pela responsabilidade objetiva, porém a abordagem se concentra no argumento da teoria do risco do artigo 927, parágrafo único, do Código Civil. Entendem que a atividade de tratamento de dados pessoais carrega risco inerente aos dados pessoais e, assim a exploração de tal atividade deve acarretar a assunção da responsabilidade aos respectivos empreendedores (Mendes e Doneda, 2018).

Considerando os argumentos apresentados, adota-se neste trabalho o entendimento da responsabilidade objetiva pura para os danos promovidos pela atividade de tratamento de dados pessoais. Decorre essa responsabilidade objetiva do risco criado pela atividade de tratamento de dados aos direitos da personalidade reconhecidos como fundamentais. Porque protegidos por princípios consagrados em ampla gama de normas nacionais e internacionais[49] os direitos da personalidade expressos por meio da titularidade digital alcançam o mais elevado reconhecimento. Ao exercer atividade econômica de grandes proporções, os agentes de tratamento de dados impõem riscos ao patrimônio existencial dos titulares de dados e é exatamente a periculosidade dessa atividade que atrai a teoria do risco proveito a ensejar a responsabilização do agente econômico que se beneficia da atividade que gera ameaça a terceiros.

O risco que enseja a responsabilidade objetiva não implica a transferência de todos os prejuízos a quem promove a atividade danosa. Há diversas modalidades de riscos, com diferentes nuances na responsabilidade. Não se propõe a adoção da teoria do risco integral, mas a do risco proveito e, em alguns casos, a do risco criado. Anota-se que, mesmo no âmbito do Direito do Consumidor, a teoria objetiva clássica não significa a assunção de toda e qualquer responsabilidade.

A esse respeito está assentado o entendimento de que produtos que apresentem riscos inerentes não ensejam a responsabilização quando promovidas as salvaguardas tecnicamente possíveis. Em casos assim, a natureza da responsabilidade continuará a ser objetiva, porém – porque a

---

49   A Constituição Federal protege a dignidade da pessoa humana (artigo 1º, III); e reconhece como direitos fundamentais a vida privada, a intimidade, a honra e a imagem (artigo 5º, X) e a inviolabilidade do sigilo de dados (artigo 5º, XII). A Carta dos Direitos Fundamentais da União Europeia prevê o direito à proteção de dados pessoais (artigo 8º). A LGPD prevê o direito fundamental à privacidade (artigo 1º e 2º, I); a intimidade (artigo 2º, IV).

necessidade de identificar a culpa é afastada pela existência de risco – o manejo desse risco dentro das técnicas esperadas e consoante a natureza da atividade afasta a responsabilização. O risco inafastável não é motivo para imputar a responsabilidade. A exegese conjunta dos artigos 187, 188, I, e, 927, parágrafo único, do Código Civil, resulta na rejeição da teoria do risco integral, ou seja, a responsabilidade objetiva fundada no risco não abrange hipóteses onde o risco for inevitável e a atividade for exercida dentro do escopo de seu fim econômico ou social.

À guisa de exemplo, o STJ assentou a não responsabilização da indústria tabagista exatamente porque o cigarro apresenta risco inerente. Não sendo proibida sua produção, a materialização do risco inerente ao produto não justifica a responsabilização do fornecedor. Assim a responsabilidade objetiva cível articula a mesma lógica do risco permitido da teoria funcionalista penal. O STJ nesse caso registrou: "O cigarro é um produto de periculosidade inerente e não um produto defeituoso, nos termos do que preceitua o Código de Defesa do Consumidor, pois o defeito a que alude o Diploma consubstancia-se em falha que se desvia da normalidade, capaz de gerar frustração no consumidor ao não experimentar a segurança que ordinariamente se espera do produto ou serviço."[50]

Assim, a responsabilidade do agente de tratamento de dados na LGPD é objetiva, fundada no risco inerente à atividade normalmente desenvolvida. Porém, quando o agente demonstrar que o risco era inevitável, porque adotadas todas as medidas de segurança exigidas pelas boas práticas do mercado e pela Autoridade Nacional, não arcará com a indenização a seus usuários. O titular de dados que entabula relacionamento com o controlador assume posição análoga ao consumidor de produto potencialmente nocivo à segurança, regulado no artigo 9º do CDC, ou seja, há responsabilidade objetiva do fornecedor em função dos riscos do serviço, mas não se avança para a adoção da teoria do risco integral.

---

50   STJ Quarta Turma - REsp: 1113804 RS, Relator: Min. Luis Felipe Salomão, DJe 24/06/2010.

Evidentemente que a responsabilidade objetiva em face de terceiro sem relação com o agente de tratamento de dados irá ensejar a indenização em qualquer situação. Porém, tal hipótese, no caso da atividade de tratamento de dados, será resolvida sem o recurso à responsabilidade objetiva, uma vez que o agente de tratamento não pode armazenar dados sem o consentimento informado do titular. O dano nesses casos será decorrente de ato ilícito porque a conduta é expressamente vedada pelo artigo 7º, I, e 7º, §5º, da LGPD.

Finalmente, a prova de terem sido observadas as boas práticas e melhores técnicas de segurança constituem ônus processual do controlador e do operador. Não se trata de inversão do ônus da prova, ainda que expressamente previsto no artigo 42, §2º, da LGPD; tampouco do princípio da prestação de contas, do artigo 6º, X, da LGPD, que exige a demonstração, pelo agente, da adoção de medidas eficazes e capazes de comprovar a observância, a eficácia e o cumprimento das normas de proteção de dados pessoais. Simplesmente incide a sistemática probatória ordinária do Código de Processo de 2015. A prova cabe a quem tem a melhor possibilidade de produzi-la, é o ônus probatório dinâmico do artigo 373, §1º, do CPC; e, no caso específico, a alegação de impossibilidade de evitar o dano apontado configura a defesa indireta de mérito, qual seja, a existência de fato impeditivo, ônus da defesa conforme artigo 373, II, do CPC. Conhecida como Regra de Paulo, desde o Digesto Romano: a prova é de quem alega e não de quem nega. Assim, a imputação ao agente de tratamento do ônus de provar a alegação de ter adotado as melhores práticas representa a sistemática processual regular.

A SOLIDARIEDADE DA RESPONSABILIDADE PELO TRATAMENTO DE DADOS

A responsabilidade é solidária por força de expressa previsão legal. A solidariedade não se presume, conforme artigo 265 do Código Civil, porém há previsão específica na LGPD. O responsável pelo tratamento é o controlador, porém o operador responderá solidariamente quando descumprir a legislação ou as ordens do controlador, na forma do artigo 42, I, da LGPD.

Os controladores responderão solidariamente quando estiverem envolvidos em conjunto para tratamento de dados do titular prejudicado, na forma do artigo 42, II, da LGPD. A Doutrina é constante acerca do reconhecimento da natureza solidária da responsabilidade dos agentes de tratamento de dados, neste ponto destacamos a análise de Teixeira & Armelin (2020, p. 314).

O encarregado na LGPD possui atribuições mínimas e não corresponde ao *Data Privacy Officer* do GDPR europeu. Como mencionado no capítulo anterior, apesar de a tradução oficial do GDPR para Portugal ter se utilizado do mesmo termo 'encarregado' para o DPO, as responsabilidades são significativamente distintas nos dois sistemas. A LGPD, portanto, não prevê a responsabilidade solidária para o encarregado (Lima, 2020, p. 292).

A DIMENSÃO PUNITIVA DA RESPONSABILIDADE CIVIL

A função punitiva da responsabilidade civil não está expressamente contemplada no Código Civil, mas é reconhecida e até encorajada pela Doutrina. Na referida obra Curso de Direito Civil os autores defendem a função punitiva da responsabilidade civil nos seguintes termos:

> *"Sem em nenhum momento recusar o protagonismo da função compensatória da responsabilidade civil, temos que considerar que isoladamente ela é incapaz de explicar a complexa dinâmica do ilícito civil. Defendemos a necessidade de o sistema de responsabilidade civil, amparado em valores constitucionais, contar com mecanismos capazes de sancionar comportamentos ilícitos de agentes econômicos, em caráter preventivo e de forma autônoma a sua notória vocação ressarcitória de danos. Há uma perspectiva de operabilidade da responsabilidade civil a luz de uma função dissuasória de atos ilícitos."* (Farias, Rosenvald, & Braga Netto, 2020, p. 80)

O Supremo Tribunal Federal já reconheceu o caráter punitivo da reparação moral ao lado da função compensatória tradicional. O Ministro Celso de Mello registrou em voto:

> *"A orientação que a jurisprudência dos Tribunais tem consagrado no exame do tema, notadamente no ponto em que o magistério jurisprudencial, pondo em destaque a dupla função inerente à indenização civil por danos morais, enfatiza, quanto a tal aspecto, a necessária correlação entre o caráter punitivo da obrigação de indenizar (punitive damages), de um lado, e a natureza compensatória referente ao dever de proceder a reparação patrimonial, de outro."* (STF AI 455.846/RJ. Rel. Min. Celso de Mello. j. 11.10.2004. Precedente destacado no Informativo STF 364)

O STJ em sentido semelhante registrou:

> *"Essa corte tem se pronunciado no sentido de que o valor de reparação do dano deve ser fixado em montante que desestimule o ofensor a repetir a falta, sem constituir, de outro lado, enriquecimento indevido."* (STJ REsp 1.120.971/RJ. Rel. Min. Sidnei Beneti. j. 28.02.2012. Precedente destacado no Informativo STJ 492)

Temos que a função punitiva da responsabilidade civil é tão mais relevante quanto for a desproporção entre o desvalor da conduta lesiva e o benefício auferido pelo infrator. Não raro a conduta lesiva afeta grande número de indivíduos, porém ante as externalidades para a obtenção de solução, poucas pessoas buscarão a reparação. Assim, o infrator terá incentivo a repetir o ilícito, pois serão maiores os lucros aferidos com a conduta irregular que os valores despendidos com indenizações civis. Penalidade inferior ao lucro é incentivo e não sanção.

Mormente na tutela de direitos da personalidade ou de direitos coletivos ou difusos, como os que se quer assegurar pela regulamentação da atividade de tratamento de dados pessoais, os custos de eventuais reparações cíveis são significativamente inferiores aos benefícios acumulados com a prática ilícita. A função punitiva da responsabilidade civil é então a ferramenta mais adequada para colmatar essa assimetria.

Desse modo, sendo o risco da atividade o fundamento da responsabilidade objetiva, a distribuição da responsabilidade pela óptica desse risco terá impacto no comportamento dos agentes econômicos. Assim, a natureza e a extensão da responsabilidade civil serão estímulos à maximização do valor gerado e à minimização dos danos provocados pela atividade de tratamento de dados para a sociedade.

Da mesma sorte, a aplicação da função punitiva da reparação também resulta em ferramenta de controle sobre a atividade ilícita de agentes de tratamento de dados. Pretende-se entabular a aplicação da perspectiva econômica ao problema jurídico a partir do debate, há 50 anos na Escola de Chicago, entre Ronald Coase, Gary Becker, Richard Posner e Guido Calabresi (de Yale), de como as decisões judiciais podem contribuir para o desenvolvimento econômico e social.

Com efeito, a existência de externalidades para a efetiva promoção da reparação de danos aos titulares de dados pessoais pode engendrar uma assimétrica e desleal apropriação de renda e valor por parte dos agentes de tratamento em posição privilegiada para auferir lucros da atividade de processamento de dados em detrimento de violações aos direitos de personalidade dos cidadãos. A correta abordagem da responsabilidade civil pode mitigar essa assimetria e beneficiar a sociedade como um todo.

PERSPECTIVA SOB A ANÁLISE ECONÔMICA DO DIREITO

A distribuição do risco é tema relevante para estabelecer o comportamento dos agentes econômicos. Os custos de reparação de danos derivados da atividade, se assumidos pelo responsável pela atividade danosa, poderão alterar o retorno esperado do investimento e, assim, influenciam as decisões de realização do empreendimento. A imputação da responsabilidade ao causador do dano parece ser solução intuitiva, porém nem sempre é a adotada ou, quando adotada, nem sempre os danos são integralmente repassados ao responsável.

Diversos fatores incorrem para a distribuição do risco. Desde a capacidade de os agentes prejudicados conseguirem obter ressarcimento até os custos, ou externalidades, para alcançar a compensação, passando pelo interesse da sociedade, ou do lobby de cada setor, em assegurar imunidade à atividade danosa. As modernas dificuldades em reprimir danos ambientais são exemplo adequado, pois envolvem grandes riscos e prejuízos, porém distribuídos a todos. Ainda que imensos os danos coletivos, não há mecanismo apto a incentivar cada prejudicado a recuperar seu prejuízo individual. Há dificuldade em produzir a prova, em avaliar prejuízos, em demonstrar a responsabilidade ou, ainda, de recuperar os valores. Em síntese: externalidades.

Assim, por exemplo, empresa que explore recursos naturais poderá preferir se estabelecer em locais onde os custos de reparação sejam menores, possam ser transferidos para terceiros ou para o Estado. Nessa esteira de raciocínio, quando danos ambientais são suportados pelo conjunto da sociedade, empresas não sofrerão desestímulo para exercer atividades poluidoras ou devastadoras. Mas, ao contrário, se as despesas de reparação dos danos decorrentes da depredação ou de acidentes ambientais forem impostas aos responsáveis, o empreendimento irá levar em conta tais custos e alterar suas práticas.

Em casos de danos constantes e previsíveis, a empresa poluidora pode adotar práticas de prevenção voltadas para mitigar os danos ambientais ou simplesmente optar por mudar suas operações para países onde o ordenamento transfira esses custos para outros agentes.

Em caso de danos sujeitos a risco, ou seja, que podem ou não acontecer, a empresa poderá optar por fazer seguro, internalizar os custos, provisionando recursos para fazer face às indenizações ou mesmo optar por não adotar qualquer precaução e, em caso de o risco se realizar, simplesmente se tornar inadimplente e evadir suas obrigações.

Os riscos ambientais, ante o caráter difuso e transindividual, são de difícil aferição, avaliação e reparação. A atividade de controle precisa assim ser assumida pelo Estado, eis que os custos de transação para os infinitos prejudicados – o conjunto da população e, talvez, os direitos das gerações futuras[51] – não permite o enfrentamento para recuperação dos prejuízos. No campo do Direito Ambiental a responsabilidade objetiva é indispensável, o princípio do poluidor pagador é vetor interpretativo essencial à distribuição dos encargos.

Outros riscos econômicos são de mais simples administração. Exemplos onde há poucos agentes envolvidos são mais propícios para análise por permitir a compreensão dos cenários possíveis e as consequências da distribuição do ônus de reparação em cada caso. Ao manter inalteradas as demais circunstâncias, modificando-se apenas a regra da responsabilidade

---

51   O princípio da solidariedade intergeracional, da parte final do artigo 225 da CRFB, representa direito de fruição de meio ambiente ecologicamente equilibrado pelas gerações futuras.

pelo dano, percebe-se a importância do ordenamento para o desenvolvimento ou inibição de determinada atividade econômica.

Assim, nesta abordagem opta-se pela apresentação do exemplo clássico, das fagulhas espalhadas pela locomotiva que percorre os trilhos estendidos sobre campos agricultáveis. As centelhas da caldeira a carvão incendeiam pradarias desde o século XIX. O ônus desses prejuízos pode ser atribuído à companhia ferroviária, obrigada a reparar os danos decorrentes da instalação de suas novas linhas de trem. A lógica imanente a essa responsabilidade decorre de o dano ser produzidos por suas composições: antes do trem não havia locomotivas cuspindo fogo pelos campos ingleses. Por outro lado, o ordenamento jurídico poderia estabelecer tratar-se de acidentes decorrentes de fortuito sendo hipótese de assimilação pelos agricultores prejudicados. Na Inglaterra esse problema, conhecido como 'sparks cases', surgiu no início do século XIX, chegando aos Estados Unidos no final desse mesmo século. As soluções encontradas pelos tribunais dos diferentes países marcaram o debate do que futuramente viria a ser a análise econômica do direito, muito tempo depois de os trens terem sido substituídos por motores a diesel ou propulsores elétricos.

Antes de adentrar na abordagem de Ronald Coase acerca da distribuição do risco de incêndio nesses casos, é interessante analisar os primeiros precedentes, na Inglaterra, como, por exemplo, o caso *Vaughan v. Taff Vale Railway Co.* Em 1858, a empresa ferroviária foi condenada, no primeiro julgamento, a arcar com os prejuízos. Importa ressaltar que o Barão Bramwell, presidindo o júri na Exchequer Court[52], orientou os jurados no sentido de ser o trem responsável pelo incêndio ainda que operado com o maior zelo possível segundo a técnica disponível. Assim, se as fagulhas fossem oriundas da passagem do trem, a responsabilidade seria da composição que lançara a centelha.

---

52   A Court of Exchequer ou Exchequer of Pleas deixou de existir no sistema judicial britânico na reforma de 1873.

Porém, em grau de recurso, em 1860, para a então Exchequer Chamber, o Barão Cockburn propôs a reforma do julgado ao argumento de ser o empreendimento autorizado pelo ordenamento. Assim, porque o Parlamento promulgara lei aprovando a linha férrea, os riscos decorrentes da atividade seriam permitidos[53]. Tratando-se de risco permitido, caberia a prova da negligência para estabelecer a responsabilidade da empresa. O voto foi então confirmado à unanimidade.

Entre os vários precedentes históricos pertinentes a risco envolvendo incêndios provocados por trens a vapor, este caso bem ilustra a análise da responsabilidade civil por dados pessoais. O julgamento em primeira instância favoreceu a ideia da responsabilidade objetiva, considerando que a chegada do trem trazia riscos. E nessa lógica, os riscos criados pela ferrovia deveriam ser assumidos por quem os trouxe, ou seja, a empresa que explora o novo empreendimento.

> *"Whereas accidents occasionally arise from the use of fire as a mean of propelling locomotive engines on railways, the happening of such accidents must be taken to be the natural and necessary use of fire for that purpose, and, therefore, railway companies, by using fire, are responsible for any accident which may result from its use, although they have taken every precaution in their power."* [54]

---

53   "that if damage results from the use of the [authorized] thing independently of negligence, the party using it is not responsible." *Vaughan v The Taff Vale Railway Company* EngR 749, (1860) 5 H & N 679, (1860) 157 ER 1351

54   "Conquanto acidentes ocasionalmente ocorram do uso de fogo como propulsor de locomotivas, a causa de tais acidentes decorre do natural e necessário uso do fogo para tal propósito, e, assim, as empresas ferroviárias porque usam fogo são responsáveis por qualquer acidente que possa resultar desse uso, ainda tenham adotados todas as precauções disponíveis para evita-lo." (livre tradução)

Porém, em apelação, a câmara recursal reverteu esse entendimento. Apesar de reconhecer o conceito de responsabilidade objetiva, como nos tradicionais precedentes a responsabilizar proprietários de animais selvagens, a Corte decidiu não ser aplicável à hipótese porquanto a autorização legislativa para implementação de ferrovias carreava necessariamente a permissão para uso das locomotivas a carvão. O incêndio como consequência inevitável dessa atividade seria, portanto, inerente à autorização concedida pelo Estado. A responsabilidade seria assim subjetiva, dependente da prova da negligência.

> *"Although it may be true, that if a person keeps an animal of know dangerous propensities, or a dangerous instrument, he will be responsible to those who are thereby injured, independently of any negligence in the mode of dealing with the animal or using the instrument; yet when the legislature has sanctioned and authorized the use of a particular thing, and it is used for the purpose for which it was authorized, and every precaution has been observed to prevent injury, the sanction of the legislature carries with it this consequence, that if damage results from the use of such thing independently of negligence, the party using it is not responsible. It is consistent with policy arid justice that it should be so; arid for this reason, so far as regards the first count, I think the judgment of the Court below is wrong. It is admitted that the defendants used fire for the purpose of propelling locomotive engines, and no doubt they were bound to take proper precaution to prevent injury to persons through whose lands they passed; but the mere use of fire in such engines does not make them liable for*

injury resulting from such use without any negligence on their
part."[55]

As alternativas, portanto, resumir-se-iam em: (i) a ferrovia ao trazer novos riscos, com seus equipamentos movidos a fogo, seria responsável por qualquer dano decorrente de incêndios provocados por fagulhas de seus equipamentos; ou, (ii), ao contrário, os danos provocados pela ferrovia seriam inerentes aos riscos da atividade, a qual, autorizada pelo Estado e adotadas as precauções possíveis pelo estado da técnica, não motivaria o dever de indenizar pelo fortuito.

Alguns anos depois, em 1880, na ação *Powell v. Fall*[56], o mesmo Barão Bramwell, agora no último grau de jurisdição, na Queen's Bench Division da Court of Appeals, em Londres, reverteu a Jurisprudência para aplicar seu entendimento da primeira versão de 1858, ou seja, para a responsabilidade objetiva da companhia de trens. Sem embargo, a questão somente foi assentada com a promulgação do Railway Fires Act de 1905 pelo Parlamento, quando a responsabilidade objetiva foi limitada a casos e valores específicos, manobra que, segundo Mark Wilde (Wilde, 2019), teria contado com poderoso lobby dessa indústria.

---

55   "Ainda que seja certo que, se alguém mantiver um animal selvagem ou um instrumento perigoso, será ele responsável por aqueles que forem prejudicados, independentemente de qualquer negligência no cuidado do animal ou no uso do instrumento, quando o legislativo sancionar e autorizar o uso de determinada coisa, e essa coisa for utilizada para o propósito para o qual foi autorizada, e toda precaução for observada para impedir danos, a sanção legal promoverá, como corolário, o reconhecimento de que o dano deriva do uso de tal coisa independentemente de negligência, assim a parte usando tal coisa é não será responsável." (livre tradução)

56   *Powell v. Fall*, Q.B. 597, 601 (1880)

Nos Estados Unidos, ao longo do séc. XIX, os primeiros julgados, seguindo precedentes ingleses, foram no sentido da necessidade de comprovação da negligência do operador do trem. Se acaso o acidente decorresse de fortuito, inevitável, próprio da atividade ferroviária, não haveria dever de reparação. Não obstante, os Estados (da Federação) foram paulatinamente aprovando leis específicas, para reconhecer a responsabilidade objetiva (*strict liability*) das ferrovias, ante o risco criado pela atividade. No fim do século XIX estava assentada a prevalência do entendimento da responsabilidade das companhias de trem ante o risco criado para as atividades rurais.

Enfim, para o conjunto da sociedade a melhor solução será sempre aquela que maximizar a produção total de todos seus agentes. Uma nova indústria, como a implementação de linhas férreas, trará vantagens (velocidade, integração, distribuição) e desvantagens (poluição, destruição de lavouras, acidentes variados). Porque o valor agregado com as vantagens é maior que o total dos prejuízos provocados, a construção de ferrovias deve ser incentivada.

No final do século XIX, o futuro juiz da Suprema Corte, Oliver Wendell Holmes já estabelecia que a solução das disputas por danos provocados por ato ilícito (*tort law*) passaria pela maximização da eficiência econômica. O tradicional caso das fagulhas da locomotiva e queimadas nas plantações seria, sob o ponto de vista pragmático, mais bem solucionado com a maximização econômica. Porque, ao final, o prejuízo será pago pelo público, seja pelo aumento do preço da passagem seja pelo aumento nos grãos. A solução mais eficiente terá menor impacto na economia e será melhor para a comunidade.

> "But the torts with which our courts are kept busy today are
> mainly the incidents of certain well known businesses. They
> are the injuries to person or property by railroads, factories,
> and the like. The liability for them is estimated and sooner or

later goes into the price paid by the public. The public really pays the damages (...)[57]" (Holmes, 1897, p. 467)

Nas Ciências Econômicas, essa análise, onde se avalia a adequação da distribuição das responsabilidades segundo a óptica do interesse coletivo, foi desenvolvida por Arthur Cecil Pigou a partir de 1912. Seu modelo final (Pigou, 1932) consolidou a ideia de duas espécies do conceito de produto líquido marginal obtido por novas atividades. O produto líquido marginal social e o privado. Como explicado em sua obra (ibidem, Cap. II, §5º), o social é o incremento pertinente ao conjunto da sociedade, i.e., simplificadamente os ganhos do empreendedor subtraídos das perdas infligidas a terceiros. E o incremento do produto líquido privado seriam os ganhos do empreendedor subtraído dos prejuízos que ele tivesse que indenizar.

Os danos – social e privado – seriam equivalentes se os prejuízos causados a terceiros fossem integralmente indenizados pelo causador. Nessa hipótese, de assunção integral das responsabilidades, o mercado se ajustaria sempre pela maximização econômica em prol da sociedade. Todavia, nem sempre os danos são de fato reparados. Essa diferença, na prática, é o cerne do debate.

A partir da análise econômica de Pigou, exsurge a ideia de que a diferença entre o produto líquido marginal social e o privado é valor apropriado da sociedade pelo particular. Novos empreendimentos tendem a produzir mais valor do que acarretar prejuízos, sendo portanto benéficos à sociedade. Porém, eventual atividade que promova mais danos do que benefícios, mas cujo valor seja apropriado pelo empreendedor e os prejuízos sejam distribuídos de maneira difusa na sociedade, será maléfica. A intervenção estatal em casos

---

57   "Os casos de indenização que mantém os nossos tribunais ocupados referem-se a incidentes com empreendimentos bem conhecidos. Trata-se de danos a pessoas ou propriedades provocados por linhas férreas, indústrias e quejandos. A responsabilidade é por eles estimada, e cedo ou tarde chega no preço pago pelo público. É o público quem realmente paga esses danos." (livre tradução)

assim seria, do ponto de vista de Pigou, crucial para promover esse reequilíbrio evitando-se que empreendedores se locupletem com subsídios dessa ordem ao tempo em que promovam a redução do bem estar geral da sociedade.

A ideia de que o mercado se autorregula também está presente no trabalho de Pigou, pois em qualquer análise microeconômica o capital irá para atividades com maior produto marginal privado, o ganho marginal das atividades tende assim a se equalizar. Todavia, Pigou propõe o conceito de 'divergências' (ibidem Cap. IX) para explicar quando atividades nefastas (aquelas que acarretam a redução do produto social total) são incentivadas pelo mercado porque promovem incremento do produto privado do investidor. A atuação do Estado então seria proveitosa para maximizar o bem estar da sociedade, compensando por meio da regulação, semelhantes distorções. Em seguida, no pós-guerra, a ideia de intervenção estatal em busca da maximização do produto social total e da distribuição do bem estar estruturou-se na doutrina econômica do *welfare state*.

Nessa linha da análise econômica, a 'divergência' entre o ganho marginal privado e o social permite que os agentes privados busquem soluções que lhes são proveitosas, mas que são danosas ao conjunto da sociedade. Essa discrepância decorre das limitações da capacidade de compensação dos custos sociais. Essa limitação, que Pigou chama de 'custos de movimentação', será o embrião do conceito de Ronald Coase para os 'custos de transação'; enquanto as 'divergências' de Pigou corresponderiam grosso modo às 'externalidades' de Coase (Hovenkamp, 2008).

O argumento econômico da assunção do risco e imposição da responsabilidade civil para inibir que novos empreendimentos causem prejuízos às atividades já estabelecidas recebeu análise mais complexa e abrangente com Ronald Coase na década de 1960. Com efeito, a partir do Problema do Custo Social (Coase, 1960), a perspectiva pela qual a questão passou a ser enfrentada sofreu drástica alteração.

Ronald Coase abriu a análise com a ponderação de ser menos relevante inibir o prejuízo infligido por alguém, mas estabelecer qual o maior prejuízo entre as atividades concorrentes. O artigo apresenta o exemplo do gado que escapa das cercas para se alimentar da lavoura do vizinho. Nesse caso seria mais importante aferir o valor gerado pela engorda do gado, pela construção da cerca ou pelo prejuízo ao cultivo? Se o custo de reforçar a cerca for maior que o prejuízo à lavoura, melhor seria indenizar a lavoura. Se o prejuízo à agricultura for menor que o lucro da pecuária, a melhor solução é a que permite a atividade pecuária em detrimento do plantio.

O Teorema de Coase estatui que quaisquer que sejam os direitos de propriedade, desde que claros e bem definidos, os agentes irão negociar e encontrar a solução mais favorável (pelo critério de Pareto) e maximizar a geração de valor. Assim, se a responsabilidade for do agricultor, ele irá construir as cercas, desde que o custo dessas barreiras seja menor que seus prejuízos. Do mesmo modo, se a responsabilidade for do pecuarista será ele a construir as cercas, salvo se for mais barato indenizar o lavrador pelas perdas.[58]

---

58   "The traditional approach has tended to obscure the nature of the choice that has to be made. The question is commonly thought of as one in which A inflicts harm on B and what has to be decided is: how should we restrain A? But this is wrong. We are dealing with a problem of a reciprocal nature. To avoid the harm to B would inflict harm on A. The real question that has to be decided is: should A be allowed to harm B or should B be allowed to harm A? The problem is to avoid the more serious harm. I instanced in my previous article the case of a confectioner the noise and vibrations from whose machinery disturbed a doctor in his work. To avoid harming the doctor would inflict harm on the confectioner. The problem posed by this case was essentially whether it was worthwhile, as a result of restricting the methods of production which could be used by the confectioner, to secure more doctoring at the cost of a reduced supply of confectionery products. Another example is afforded by the problem of straying cattle which destroy crops on neighboring land. If it is inevitable that some cattle will stray, an increase in the supply of meat can only be obtained at the expense of a decrease in the supply of crops. The nature of the choice is clear: meat or crops. What answer should be given is, of course, not clear unless we know the value of what is obtained as well as the value of what is sacrificed to obtain it." (Coase, 1960, p. 2)

Ao contrário de Pigou que sugere a intervenção estatal para coibir as empresas de trem a promoverem incêndios em propriedades rurais, Coase oferece solução privada para o problema das fagulhas dos trens em lavouras, ou seja, a autorregulação pelo mercado.

> *"It is not necessarily desirable that the railway should be required to compensate those who suffer damage by fires caused by railway engines. I need not show here that, if the railway could make a bargain with everyone having property adjoining the railway line and there were no costs involved in making such bargains, it would not matter whether the railway was liable for damage caused by fires or not."* (Coase, 1960, p. 31)[59]

A partir do Teorema de Coase, desde que os custos de transação sejam nulos ou irrelevantes, qualquer solução será adequada, desde que clara, estável e previsível, pois os agentes irão se ajustar e maximizar a produção total.

Por outro lado, se acaso os custos de transação para a promoção da reparação forem elevados, como na hipótese de assimetria entre os envolvidos, onde pequenos danos individuais, infligidos a elevado número de pessoas, não permitam qualquer negociação, a lógica da distribuição ótima do risco não subsistirá. Nesse caso, se a soma dos danos produzidos for maior que o benefício obtido, a imposição de regra de responsabilidade objetiva para o

---

59   "Não é necessariamente desejável que a companhia ferroviária seja responsável pela compensação àqueles prejudicados pelo fogo provocado pelos trens. Não é preciso mostrar aqui que, se a ferrovia conseguir negociar com todos os proprietários vizinhos das linhas e se não houver qualquer custo para a realização dessas negociações, não fará diferença para a sociedade se a empresa for ou não responsável pelos danos promovidos pelo fogo." (livre tradução)

ofensor poderá ser benéfica, sob o ponto de vista de otimização dos recursos da sociedade, ao reduzir os custos de transação.

Para estabelecer se a responsabilização será ou não a solução adequada, Coase propõe análise de custos e benefícios, resultando, em seu exemplo de 1960, ser melhor para a sociedade a livre atuação dos agentes. Porém, ressalva que dados outros casos e outros números para o valor de prejuízos e custos, a intervenção por meio de responsabilização cível seria benéfica.[60]

Em síntese, a intervenção estatal, por meio de regulação, justificar-se-ia quando atendidas duas condições: os custos de transação superiores aos prejuízos provocados e os prejuízos maiores que os benefícios gerados.

Coase realiza a intersecção do Direito com a Economia, oferecendo soluções jurídicas passíveis de avaliação sob perspectiva econômica. Importante característica do modelo de Ronald Coase é a exigência de custos de transação nulos ou irrelevantes. O Teorema de Coase depende da plena fluidez das escolhas dos agentes. Em tal cenário, de difícil verificação prática, as decisões judiciais findam por ser irrelevantes, porque, desde que consistentes e conhecidas, qualquer linha jurisprudencial resultará na mesma solução, com a maximização econômica.

Por outro lado, para Robert Posner as decisões judiciais podem colaborar para a maximização dos fatores econômicos. Ao reconhecer a existência de externalidades, não raro acentuadas como em monopólios, Posner percebe que a atribuição de responsabilidades e obrigações pode resultar em diferentes graus de incentivo em favor do aproveitamento dos recursos. Nesse caso, onde são reconhecidas as existências no mundo real das externalidades, as decisões

---

60   "Of course, by altering the figures, it could be shown that there are other cases in which it would be desirable that the railway should be liable for the damage it causes. It is enough for my purpose to show that, from an economic point of view, a situation in which there is "uncompensated damage done to surrounding woods by sparks from railway engines" is not necessarily undesirable. Whethes r it is desirable or not depends on the particular circumstances." (Coase, 1960. p. 34)

diferentes resultarão em contribuições diversas à eficiência econômica. Nesse modelo mais realista, o sistema que permite a seleção e reiteração das melhores soluções judiciais irá melhor patrocinar o desenvolvimento econômico.

Posner percebe na *common law*, que prestigia a incorporação dos melhores julgados, do ponto de vista do resultado das decisões, mecanismo de seleção natural quase darwiniana dos precedentes. O realismo jurídico e o consequencialismo seriam assim mais adequados à promoção do bem estar social.

A tese da *common law* como mecanismo de promoção jurídica da eficiência econômica foi apresentada na obra Economic Analysis of Law em 1973 (Posner, 2014). A existência de lógica econômica implícita na *common law* permitiria a apresentação de diversas áreas do Direito em termos econômicos. Assim, para Posner, a Economia seria "a estrutura profunda da common law" e as doutrinas jurídicas seriam "a estrutura superficial da common law" (Posner, 2014, p. 315).

Assim, a análise econômica do Direito propõe ferramentas para antecipar consequências de escolhas hermenêuticas. A partir dessa perspectiva, a responsabilidade civil objetiva pelo risco derivado do tratamento de dados pessoais pode ser avaliada sob prisma consequencialista da análise econômica do direito positiva[61].

Nessa esteira de raciocínio, duas abordagens são propostas para a responsabilidade civil por dados pessoais. Por primeiro, a responsabilidade objetiva, como aquela tradicionalmente incidente em causas consumeristas, ou seja, afastando-se o risco integral e adotando-se a teoria do risco proveito.

---

61   Tradicionalmente se dividia a análise econômica do direito em positiva e normativa. A primeira busca prever efeitos de determinada regra ou entendimento, como (e é o exemplo clássico) a adoção de responsabilidade objetiva ou subjetiva para a solução de danos (strict liability rule × negligence rule na tort law). A segunda avança para adentrar a legística e formular propostas de regulamentações. Calabresi (2016, p. 21) entende que tal distinção não faz mais sentido.

Aqui a prova de ser o risco inerente ou ser o dano inevitável recai sobre o controlador. Por derradeiro, a responsabilidade subjetiva tradicional, onde o ônus de demonstrar a negligência no tratamento de dados e o nexo causal dessa culpa para a ocorrência de dano recai sobre o autor da ação de reparação. As teorias ecléticas, que propõem a soluções mistas, serão aglutinadas na última opção, responsabilidade subjetiva, sempre que o modelo exigir que o prejudicado apresente a prova da culpa do controlador.

Nessa linha de raciocínio, o primeiro cenário, onde a responsabilidade do controlador de dados é objetiva, como entendemos ser a melhor interpretação da atual redação da LGPD, a distribuição da responsabilidade pelo risco de danos ao titular de dados irá acarretar sua disposição de investir em medidas de proteção e segurança até o limite em que o custos de tais salvaguardas supere o valor das indenizações (e eventuais multas administrativas).

Nesse caso, supondo que o montante do investimento necessário para manter as medidas de prevenção no estado da arte sejam 100 unidades monetárias e o valor médio da indenização ao titular de dados seja 1 unidade monetária, o controlador irá manter atualizadas e operantes as medidas de proteção se constatar a expectativa de litígio com mais de 100 titulares de dados prejudicados.

Trata-se de aplicação similar ao cálculo para o custo da negligência pela regra de Hand[62]. A questão principal na hipótese de proteção de dados pessoais é exatamente os elevados custos de transação. A expectativa de litígio

---

62   O Juiz Learned Hand estabeleceu fórmula para solucionar o caso U.S. v. Carroll Towing, 159 F.2d 169 (2d Cir. 1947), a qual se tornou o standard para tais questões. Segundo tal regra o custo da negligência será a probabilidade de dano (risco de ocorrer o incidente ou sinistro) × o custo da indenização. Se o custo da negligência for maior que o custo da prevenção, será necessária a prevenção. Se, por outro lado, o custo da negligência for inferior à prevenção, a solução racional é arcar com eventual reparação. O cálculo é similar a estimativa de seguros e é o standard para estabelecer o dever de zelo (duty of due care)

não corresponderá à expectativa de pessoas prejudicadas, mas de pessoas prejudicadas o bastante para decidir ingressar em juízo em busca de reparações.

Sob a terminologia de Arthur Pigou, o controlador realizaria o cálculo com vistas ao custo marginal privado do incremento da segurança, enquanto a proteção da sociedade deve levar em consideração o custo marginal social do incremento da segurança. Vale dizer, o operador irá considerar o custo de prevenção em comparação com a expectativa de litígio; enquanto a sociedade deveria comparar o custo de prevenção com a expectativa de danos totais aos titulares. Essa divergência, termo adotado por Pigou para a externalidade de Coase, decorrente dos custos de transação, é crucial para compreender a relevância da responsabilidade objetiva para este caso.

Com efeito, os custos de transação são muito elevados, porque no caso da proteção de dados pessoais temos arena onde poucos controladores de dados se encontram com inúmeros titulares. A dinâmica da gestão de dados digitais, por exigir imensos investimentos e se beneficiar da concentração, favorece a criação de grandes externalidades. Ao lado disso, na hipótese de os valores das indenizações serem pequenos, não haverá incentivo para os titulares de dados prejudicados buscarem suas reparações.

O primeiro cenário, portanto, revela que, mesmo com a responsabilidade objetiva, que reduz os custos de litígio, as externalidades continuam significativas o bastante para assegurar que os investimentos em prevenção não alcancem os danos difusos provocados pela atividade.

O segundo cenário, por sua vez, com a responsabilidade dependente da prova da culpa, não irá alterar a fórmula de abordagem do agente de tratamento de dados. O controlador continuará a analisar a questão sob a mesma perspectiva, ou seja:

$$C = P \times I$$

(onde C é o custo esperado, equivalente ao valor da indenização (I) multiplicado pela probabilidade (P) de se efetivar).

Quando C > S as medidas de proteção de dados serão implementadas (sendo S a representação das despesas com salvaguardas para prevenir o uso irregular de dados pessoais de terceiros).

Mas quando C < S as medidas de proteção de dados serão relaxadas.

A diferença estará na probabilidade (P) de arcar com reparações por falhas. Nesse segundo caso, as dificuldades para o titular de dados pessoais prejudicado ingressar em juízo serão muito maiores. Terá que produzir prova da culpa do controlador de dados. Tais provas dependem de perquirição em complexos sistemas, muitos dos quais protegidos por segredos industriais. Além de entender os sistemas e interconexões com terceiros próprias da atividade de controle de dados, terá que desenvolver auditoria para avaliar a conformidade (compliance) desse controlador com o próprio código de conduta e com os procedimentos previstos em sua organização.

Tal análise evidentemente irá inviabilizar a maioria das demandas.

Em tese, é possível falar em tão somente conservar a responsabilidade subjetiva, mas prever a inversão do ônus da prova. Porém a prova de fato negativo indeterminado – o controlador não falhou em algum momento – é intrinsecamente inviável. Tratar-se-ia da prova diabólica medieval. A prova naturalmente recairia na necessidade de ser provado o fato positivo determinado: tal falha e tal momento. E tal prova precisaria ser feita pelo prejudicado.

Em síntese, a adoção de sistema de responsabilidade subjetiva, por acarretar o incremento nos custos de transação, irá ampliar a divergência entre o custo marginal privado e o social. Essa diferença seria prejudicial à sociedade, promovendo a absorção de prejuízos difusos, coletivos e indeterminados.

A proposta de serem irrelevantes os entendimentos jurisprudenciais para o resultado de maximização dos fatores de produção e otimização da atividade econômica em prol da sociedade, prevista no Teorema de Coase, depende da ausência de externalidades. Justamente neste caso, a exemplo dos danos ambientais, a distribuição de danos pela atividade de tratamento de dados pessoais é difusa e indeterminada, ampliando sobremaneira os custos de transação.

No debate clássico da Escola de Chicago, na década de 1960, entre Robert Posner e Ronald Coase, a questão em tela, com inúmeros usuários, infinitos cruzamentos de dados, informação extremamente limitada acerca dos recursos e procedimentos de cada agente controlador, muito melhor se amolda aos casos enfrentados por Posner, vale dizer, monopólios, barreiras ao acesso, à produção de provas e à plena informação acerca de riscos e consequências.

Ao lado do debate em Chicago, Guido Calabresi desenvolveu em Yale abordagem – seminal para a análise econômica do direito – acerca do custo dos acidentes automobilísticos que se amolda ao problema em tela (Calabresi, 1970). Os danos causados por falhas nos controles de dados pessoais são acidentes. Derivam de falha humana na operação das plataformas, de erros de arquitetura dos sistemas, de sabotagem ou ataques aos bancos de dados entre outros.

Sob a perspectiva da análise econômica, esses acidentes digitais se assemelham aos acidentes rodoviários, pois a solução da abordagem de ambos é a busca do nível ótimo de benefícios para a sociedade: redução dos prejuízos causados ao menor custo possível. A análise econômica do direito sugere que diferentes ordenamentos, na presença de custos de transação e vieses comportamentais, resultam em diferentes níveis de maximização.

Quanto aos acidentes de trânsito, um buraco na estrada, por exemplo, irá provocar danos nos veículos. Alguns terão apenas desgaste prematuro nos pneus, outros irão quebrar rodas, suspensão ou mesmo incorrer em acidentes graves ao desviar do obstáculo. A soma de todos os prejuízos sofridos pelos condutores será evidentemente muito maior que o custo de sinalizar e reparar o buraco. Porém, a maioria dos prejudicados, com gastos leves (desgaste de freio, pneu, combustível na manobra, estresse do motorista), não irá nem mesmo cogitar qualquer reparação. Ainda que a soma dos prejuízos pequenos possa ser significativa ante o fluxo de veículos e o baixo custo de se tampar um buraco. Alguns outros prejudicados com quebra mecânica, laceração de pneus, troca de amortecedores, alinhamento, irão sopesar o custo da demanda e desistir do intento de ressarcimento. Raras vítimas muito prejudicadas irão buscar reparação, casos de colisões ou óbitos, porém tais casos porque raros são insuficientes para ensejar a alteração no comportamento do responsável pela manutenção da pista de rodagem, seja agente público ou empreendedor privado. Os custos esporádicos de ressarcimentos não estimulam a manutenção das vias ainda que a soma dos prejuízos impingidos à sociedade largamente ultrapasse as despesas de manutenção da banda de rodagem.

Outros acidentes de trânsito seguem lógica semelhante, desatenção, falha mecânica, imprudência, falha na sinalização. Essas despesas podem ser prevenidas com mais investimentos em salvaguardas e, quando não puderem ser evitadas, serão distribuídas pela sociedade. A análise econômica do direito propõe que as melhores abordagens jurídicas serão aquelas que contribuírem para a redução dos prejuízos coletivos, i.e., cenário onde os custos de proteção para evitar prejuízos alcancem o limite onde iria se gastar mais com a proteção do que com os ressarcimentos dos danos.

Esse equilíbrio entre a despesa marginal de controle e o gasto marginal com reparação representa a minimização das externalidades negativas derivadas da atividade e, portanto, a melhor situação para a sociedade. Quanto mais distante desse equilíbrio mais a sociedade irá assumir despesas excessivas, seja com gastos em prevenção superiores aos prejuízos, seja com prejuízos maiores que o custo de evitá-los.

Nesse ponto do raciocínio, poder-se-ia invocar o Teorema de Coase, o ponto ótimo será encontrado tanto quando o prejuízo for assumido pelo titular dos dados, porque ele irá investir em proteção, ainda que se disponha a pagar para assumir as despesas do controlador; quanto se o ressarcimento dos danos for imputado ao controlador, porque ele irá preferir arcar com as reparações quando o custo for inferior ao custo de prevenção.

Porém, nesse mercado os custos de transação são muito elevados e a distribuição dos encargos demasiado assimétrica. Os inúmeros titulares de dados em contraposição aos poucos controladores aportam situação similar a do buraco na estrada. O responsável pela manutenção da rodovia, na prática, não ressarce os prejuízos dos condutores. Em razão dessa distorção a sociedade perde, porque assume prejuízos totais muito maiores que o custo de remendar o buraco na pista.

Calabresi (1970) sugere que o risco e os prejuízos podem, em verdade, ser distribuídos de diversos modos. A despesas podem ser assumidas pelo responsável pela atividade nociva, pela vítima que sofre os prejuízos, por sistema de seguro, pela sociedade mediante tributos, por sistema de responsabilidade objetiva que atribua a algum desses atores os custos do problema ou por combinações desses modelos.

Do ponto de vista da análise econômica do direito as melhores soluções serão aquelas que mais reduzirem os custos totais para a sociedade. O impulso de atribuir ao causador do dano ou a quem tenha por último ingressado no sistema, ainda que possa atender a anseios de justiça, nem sempre alcançará o melhor resultado sob a óptica de redução de gastos.

Em síntese, o modelo que impõe à vítima a absorção dos próprios prejuízos, modelo similar ao dos buracos nas rodovias, será ineficiente porque – ante os grandes custos de transação – importará em destruição de valor. Tal qual o motorista que assume custos de conserto dos veículos muito maiores no cômputo total que as despesas de manutenção dos buracos, a assunção de prejuízos pelos próprios titulares de dados pessoais irá acarretar prejuízos muito maiores à coletividade de usuários que as despesas que os controladores deixarão de promover para evitar tais danos. O ganho por parte dos controladores será menor que o total dos prejuízos dos titulares de dados. Na conta total, o produto líquido social resulta inferior ao possível.

A distribuição dos riscos pelo modelo de seguros resultará na distribuição das despesas ao responsável pela reparação, que será quem irá contratar o seguro. Se for o controlador, novamente os titulares de dados não conseguirão obter ressarcimento, agora demandado contra a seguradora. Se os usuários assumirem os prêmios do seguro caberá à seguradora buscar ressarcimento junto aos responsáveis e, em caso de responsabilidade subjetiva, com necessidade de prova da negligência, teremos novamente a incidência dos custos de transação a inviabilizar a obtenção do ponto ótimo de equilíbrio.

A distribuição das despesas para a coletividade, seja pela obtenção de recursos diretamente do Tesouro, seja pela incidência de cobrança direcionada aos agentes envolvidos, nos moldes, por exemplo, do Seguro DPVAT, não necessariamente reduz os custos, porque não incentiva a prevenção, mas apenas assegura cobertura aos prejudicados. Sem a capacidade de transferir os custos de indenização ao causador dos danos, de sorte a promover o cotejo entre as despesas de prevenção e de ressarcimento, nenhum estímulo ao equilíbrio será produzido.

Nesse caso, portanto, devido à grande assimetria entre os agentes, seja na obtenção de informações seja na possibilidade de implementação de salvaguardas, o modelo mais eficiente será aquele que impuser ao causador do dano, porque é o agente melhor habilitado a criar medidas de proteção aos dados que armazena, o dever de reparação. Outrossim, o reconhecimento da responsabilidade objetiva, derivada do risco inerente à atividade empreendida, irá reduzir os custos de transação necessários à obtenção de ressarcimento.

Finalmente, o modelo que impõe a responsabilidade objetiva ao agente que promove a atividade será mais eficiente a facilitar a obtenção de reparação por danos aos titulares de dados. A eficiência é atingida (Cooter, Ulen, 2016; p. 351), segundo a lógica de atribuir o ônus a quem puder solucionar o problema com os menores custos (*least-cost risk-bearer*), sendo portanto consistente com a imputação da responsabilidade ao controlador de dados, porque é o responsável pela implementação e gestão das salvaguardas necessárias à consecução da obrigação.

Dessa forma, o modelo contribui para a redução dos gastos totais da sociedade, reduzindo a divergência entre o produto líquido marginal e privado (Pigou, 1932), na medida em que concentra no controlador de gastos as despesas de proteção e os custos de ressarcimento. O agente com meios de adotar as políticas de controle será o mesmo agente apto a cotejar esses custos e assumir a estratégia menos onerosa. Esse modelo ao tempo em que promove a imputação da responsabilidade a quem deu causa ao dano, assegura a maior efetividade econômica na distribuição, por alocar os custos em quem gerencia os riscos e ainda em quem está em melhor posição para evitar os danos.

Desse modo, pelo diapasão da análise econômica do direito, a adoção da responsabilidade objetiva revela-se superior à responsabilidade subjetiva para reduzir a 'divergência' entre os ganhos privados e os prejuízos sociais, permitindo melhor alocação de recursos, i.e., menos distorcida pelos custos de transação. Do mesmo modo, a atribuição de sanções pecuniárias, nos moldes da responsabilidade civil punitiva, com efeito pedagógico das indenizações, também pode contribuir para colmatar essa divergência e aproximar as consequências para o agente gerador dos danos distribuídos pela sociedade e, assim, aumentando a eficiência econômica sob o prisma coletivo.

CONCLUSÃO

Ainda que inexorável a disseminação da informática na sociedade globalizada, a progressão e o aproveitamento dos benefícios da cibernética se darão de maneira desigual. A humanidade não irá ingressar na Era da Informação de maneira igualitária, como não ingressou na Revolução do Neolítico ou na Revolução Industrial. A distribuição das ferramentas digitais, a fomentar a geração de valor e renda, não ocorrerá de maneira homogênea, muito menos a repartição dos benefícios das novas tecnologias.

Em razão disso, ainda que sejam fantásticas as benesses das novas tecnologias da informação, a repartição de suas vantagens e a imposição de seus custos terão repercussões da mais alta relevância nas sociedades. A correta abordagem poderá não apenas acelerar o desenvolvimento como ainda melhor compartilhar riquezas entre os agentes envolvidos. Os titulares de dados pessoais possuem direitos fundamentais assegurados no atual ordenamento. Espraiados em normas convencionais, constitucionais, legais e regulamentares nem sempre alcançam plena efetividade.

A responsabilidade, contrapartida desses direitos, pode representar mecanismo de controle da violação dessas garantias fundamentais. A imputação da responsabilidade pelos danos provocados por essas novas ferramentas e atividades, em especial o controle e a operação de tratamento de dados pessoais, será determinante para a construção dessa nova realidade.

A previsibilidade e a segurança do ordenamento é fator crucial para o desenvolvimento econômico e social. É papel dos Poderes da República assegurar a estabilidade jurídica indispensável para permitir investimentos e o desenvolvimento de atividades geradoras de riqueza e satisfação. Os dados pessoais são a nova commodity geradora de riquezas, como outrora foram as sementes, as especiarias, o transporte ou o petróleo. Empresas que se apropriaram desse insumo floresceram incrivelmente e colheram os benefícios da inovação.

Entretanto, como procurado demonstrar neste trabalho, a responsabilidade civil por danos a titulares de dados, tem tanto o papel econômico, de conduzir os agentes nos lindes da eficiência social, i.e., promover a atividade privada sem tolerar a criação de externalidades negativas superiores ao benefício gerado; quanto o papel social, de atribuir a responsabilidade segundo os critérios políticos e jurídicos que mais se adequam aos vetores axiológicos da sociedade.

Sanção inferior aos benefícios auferidos com a conduta irregular não pune, mas incentiva. A responsabilidade contribui para a efetiva materialização dos direitos de personalidade, pois responsabilização de quem está em melhor posição para evitar o prejuízo, a distribuição do ônus probatório, a necessidade de demonstração de culpa, os critérios de arbitramento dos valores suficientes para cada caso são elementos que contribuem para a prevalência dos valores constitucionais.

A Análise Econômica do Direito igualmente se alinha para reconhecer o impacto da distribuição da responsabilidade por danos a titulares de dados na capacidade de se conseguir impor as determinações do ordenamento vigente. Diferentes soluções terão diferentes desdobramentos na maneira de implementação das garantias positivadas. Com efeito, a assimetria entre os agentes envolvidos – controladores e titulares de dados – e os elevados custos de transação resultam em cenários diferentes para diversas formas de distribuição dos custos de reparação de danos.

Assim se resta claro que a ubiquidade da tecnologia da informação não se fará necessariamente acompanhar da universalização de seus benefícios ou, ao menos, da garantia de proteção aos direitos da personalidade dos titulares de dados. Porém, esse descompasso pode ser enfrentado pela abordagem jurídica a partir da opção política já positivada no ordenamento pela proteção dos direitos de personalidade do indivíduo.

Nesse sentido, ao reconhecer o controle sobre os próprios dados pessoais como direito fundamental da personalidade, a sociedade faz opção política de promover as garantias necessárias à sua proteção. No caso em tela, como analisado nesta obra, não há conflito entre eficiência econômica e valores constitucionais, porque as soluções mais eficientes sob a perspectiva econômica caminham ao lado das garantias fundamentais asseguradas politicamente.

A análise resultou no reconhecimento de ter a lei adotado a responsabilidade civil objetiva e ainda de ser possível enveredar pela aplicação de indenização punitiva a controladores de dados. A sistemática do ordenamento conjuga a eficiência, ao atribuir a quem possui as melhores condições de reduzir os riscos, com o ideal de justiça, ao responsabilizar quem se beneficia da atividade e proteger quem sofre os prejuízos dos acidentes digitais.

Caminha-se agora o admirável mundo da informação. A sociedade oferece mais exposição, velocidade, oportunidades e desafios. O Direito, outra vez, irá se amoldar às necessidades humanas e contribuir para efetivar os valores e materializar as expectativas dos novos tempos.

SOBRE O AUTOR

Marcus Abreu de Magalhães é mestre, *summa cum laude*, em Legal Studies pela Ambra University – Orlando – FL – USA, especialista em Controle de Constitucionalidade e Direitos Fundamentais pela EJUD-MS e PUC-RJ, graduado em Economia e em Direito pela Universidade de Brasília - UNB, coautor do livro Cyberterrorismo – a nova era da criminalidade (coleção cybercrimes vol. 4) Editora D'Plácido, 2018 e Juiz de Direito vinculado ao Tribunal de Justiça de Mato Grosso do Sul desde 2006.

REFERÊNCIAS
BIBLIOGRÁFICAS

Andrighi, F. N. (2012) A Responsabilidade Civil dos Provedores de Pesquisa via Internet. Rev. TST, Brasília, vol. 78, no 3, jul/set 2012 pp. 64 a 75

Andrighi, F. N. (2013) A Responsabilidade Civil das Redes Sociais Virtuais pelo Conteúdo das Informações Veiculadas. *In* Andrighi, F. N. (org.). Responsabilidade Civil e Inadimplemento no Direito Brasileiro. São Paulo: Atlas.

Assange, J., Appelbaum. J., Müller-Maguhn, A., Zimmermann, J. (2012) Cypherpunks Freedom & the Future of the Internet. London: OR Books.

Baird, D.G., Gertner, R.H., Picker, R.C. (1994) Game Theory and the Law. Cambridge: Harvard University Press.

Barreto, I.F., Leite, B.S.F. (2017) Responsabilidade civil dos provedores de aplicações por ato de terceiro na Lei 12.965/14 Marco Civil da Internet. Revista Brasileira de Estudos Políticos. 115(2), 391-438. Belo Horizonte.

Battaini-Dragoni, G. (2019) Les droits de l'Homme et la démocratie à l'ère numérique: quelles garanties pour les données personnelles et quelles réponses aux discours de haine et à la désinformation sur Internet? (discurso) SÉNAT, PARIS, 14 de novembro de 2019. Consultado em: https://www.coe.int/en/web/deputy-secretary-general/-/-les-droits-de-l-homme-et-la-democratie-a-l-ere-numerique-quelles-garanties-pour-les-donnees-personnelles-et-quelles-r-eponses-aux-discours-de-haine-et Acesso em: 16.jun.2020

Bell, D. (1973) The Coming of Post-Industrial Society: a Venture in Social Forecasting. Nova York, USA: Basic Books.

Benacchio, M. & Maciel, R. M. (2020) A LGPD sob a Perspectiva da Regulação do Poder Econômico. *In* Lima C.R.P (org.) Comentários à Lei Geral de Proteção de Dados (19-38). São Paulo, SP: Almedina.

Brasil. Supremo Tribunal Federal. 2020. Audiência pública de 10 de fevereiro de 2020 sobre controle de dados de usuários por provedores de Internet no exterior. Consultado em: http://www.stf.jus.br/arquivo/cms/audienciasPublicas/anexo/ADC51Transcricoes.pdf

Bussche, A.V.D. & Voigt, P. (2017) The EU General Data Protection Regulation GDPR. Cham, Switzerland: Springer.

Calabresi, G. (1970) The Cost of Accidents: A Legal and Economic Analysis. eBook Kindle. New Haven: Yale University Press.

Calabresi, G. (2016) The Future of Law Economics. New Haven: Yale University Press.

Calloway, T.J. (2012) Cloud Computing, Clickwrap Agreements, and Limitation on Liability Clauses: A Perfect Storm? Duke Law & Technology Review. vol 11(1). 163-174.

Castells, M. (1996) The rise of the network society - Information Age Vol. 1. Oxford, UK: Blackwell Publishing Ltd.

Castells, M. (2010) End of Millenium - Information Age Vol. 3 (2ª ed.). Oxford, UK: Blackwell Publishing Ltd.

Castro, A.L. & Sydow, S.T. (2019) Exposição Pornográfica não Consentida na Internet: da pornografia de vingança ao lucro (2ª ed.). Belo Horizonte: D'Plácido.

Coase, R. (1960), The Problem of Social Cost, Journal of Law and Economics, The University of Chicago Press, Vol. 3 (Oct., 1960): 1–44, doi:10.1086/466560

Cooter R. & Ulen T. (2016) Law and Economics (6th ed.). Boston, MA: Pearson/Addison-Wesley.

Cots, M., & Oliveira, R. (2020). O Legítimo Interesse e a LGPD. São Paulo: Revista dos Tribunais.

Doffman, Z. (2020). Beware If You Use TikTok On Your iPhone. Forbes Magazine. 12/mar. Consultado em: https://www.forbes.com/sites/zakdoffman/2020/03/12/simple-apple-security-hack-if-you-have-tiktok-on-your-iphone-look-away-now/

Dresch, R. F. V. (2020) A especial responsabilidade civil na Lei Geral de Proteção de Dados. Revista Eletrônica Migalhas 02/JUL/2020. Consultado em: https://www.migalhas.com.br /coluna/ migalhas-de-responsabilidade-civil/330019/a-especial-responsabilidade-civil-na-lei-geral-de-protecao-de-dados

Estrada, M.M.P. (2017) A Responsabilidade Civil Objetiva e Subjetiva do Provedor de Internet perante o Marco Civil da Internet e o Código de Defesa do Consumidor no Âmbito da Jurisprudência do Superior Tribunal de Justiça. Revista de Ciências Jurídicas e Sociais Univeritas/UNG, Vol. 7, 22-45. Guarulhos: Universidade UNIVERITAS/UNG.

Farias, C. C., Rosenvald, N., & Braga Netto, F. P. (2020). Curso de Direito Civil, vol. 3 - Responsabilidade Civil (7ª ed.). Salvador: JusPodivm.

Fortes, P.R.B (2020) Responsabilidade Algorítmica do Estado: como as instituições devem proteger direitos dos usuários nas sociedades digitais? In Martins, G.M. & Rosenvald, N. (org.). Responsabilidade Civil e Novas Tecnologias. (429-444) Indaiatuba, SP: Foco.

Frei, P., Poulsen, A. H., Johansen, C., Olsen, J. H., Steding-Jessen, M., & Schüz, J. (2011). Use of mobile phones and risk of brain tumors: update of Danish cohort study. British Medical Journal BMJ, 343:d6387. Doi: https://doi.org/10.1136/bmj.d6387

Fuster, G.G. & Jasmontaite, L. (2020) Cybersecurity Regulation in European Union : The Digital, the Critical and Fundamental Rights. In Christen, M., Gordijn, B., Loi, M. (org.). The Ethics of Cybersecurity. (97-118). Cham, Switzerland : SpringerOpen.

Gico, I. (2010) Metodologia e Epistemologia da Análise Econômica do Direito. Economic Analysis of Law Review, V. 1 (1), 7-32.

Grady, M. (1988). Common Law Control of Strategic Behavior: Railroad Sparks and the Farmer. The Journal of Legal Studies, 17(1), 15-42.

Guedes G.S.C. (2020) Responsabilidade Civil na Lei Geral de Proteção de Dados Pessoais In: Tepedino, G.; Aline, M.V.T. & Guedes, G.S.C. (org.). Fundamentos do Direito Civil - Responsabilidade Civil - Vol. 4 (245-260) Rio de Janeiro: Forense.

Han, B.C. (2019) No Enxame – perspectivas do digital. Petropólis, RJ: Ed. Vozes.

Hesse, K. (1991) A força normativa da. Constituição. Trad. Mendes, G.F. Porto Alegre: Sérgio Antônio Fabris.

Holmes, Jr., O.W. (1897) The Path of the Law. Harvard Law Review, 10(8), 457-478. Consultado em: https://en.wikisource.org/wiki/ Harvard_Law_Review/Volume_10/The_Path_of_the_Law

Hovenkamp, H.J., (2008) The Coase Theorem and Arthur Cecil Pigou. Faculty Scholarship at Penn Law. Disponível em: https://scholarship.law.upenn.edu/faculty_scholarship/index.12.html#year_2008. Acesso em: 06/SET/2020

Inder, S. (2016) The Digital Revolution: how connected digital innovations are transforming your industry, company & career. New Jersey, USA: Pearson Education, Inc.

Kant, I. (1986). Crítica à Razão Prática. Lisboa: Edições 70.

Klee, A. E. (2015). Recurso Especial 1.107.024-DF - Comentário Doutrinário. Revista do Superior Tribunal de Justiça, 27(240), 518-534. Consultado em: https://ww2.stj.jus.br/docs_Internet/revista/eletronica/stj-revista-eletronica-2015_240_2.pdf

Leonardi, M. (2019). Fundamentos de Direito Digital. São Paulo: RT.

Lima, C. P. (2020). Agentes de Tratamento de Dados Pessoais. In Lima, C.P. (org.). Comentários à Lei Geral de Proteção de Dados. São Paulo: Almedina.

Lima, C.C.C. (2018) Objeto, Aplicação material e Aplicação Territorial. *In* Maldonado V.N. & Blum R.O. (org.). Comentários ao GDPR: Regulamento Geral de Proteção de Dados da União Europeia. (23-36). São Paulo: RT.

Magalhães, M.A. (2019) Incentivo à Boa-Fé Objetiva por Decisões Judiciais o problema da aplicação de indenizações punitivas em caso de abuso em alteração unilateral de contrato de transporte aéreo. Fato e Direito - Revista Jurídica da UNISUL vol 9, n. 19, 129-140.

Maldonado V.N. & Blum R.O. (org.). LGPD (2019) Lei Geral de Proteção de Dados comentada. 2ª edição São Paulo: RT.

Maldonado, V.N. (2020). Capítulo 3. *In* Maldonado V.N. & Blum R.O. (org.). LGPD Comentada (2ª ed.). São Paulo: Revista dos Tribunais.

Masseno, M. D. (2020) Como a Uniao Europeia procura proteger os cidadãos-consumidores em tempos de Big Data, *In* Martins, G. M. & Longhi J. V. R. (org.). Direito Digital: direito privado e Internet (3ª ed.) (409-428). Indaiatuba, SP: Foco.

Mayer-Schonberger, V., & Cukie, K. (2013). Big Data: A Revolution That Will Transform How We Live, Work, and Think. London: John Murray.

McDonald, A.M. & Cranor L.F. (2008) The Cost of Reading Privacy Policies. A Journal of Law and Policy for the Information Society, vol. 4 (3), 543-568

Mendes, L.S. & Doneda, D. (2018) Comentário à nova Lei de Proteção de Dados (Lei 13.709/2018), o novo paradigma da proteção de dados no Brasil. Revista De Direito do Consumidor, 120, 555-589.

Mendes, L.S.F. (2014) Privacidade, proteção de dados e defesa do consumidor - Linhas gerais de um novo direito fundamental. São Paulo: Saraiva IDP.

Meneguin, F.B. & Silva, R.S. (org.). (2017) Avaliação de impacto legislativo cenários e perspectivas para sua aplicação. Brasília: Senado Federal, Coordenação de Edições Técnicas.

Moraes, M.C.B. & Queiroz, J.Q. (2019) Autodeterminação informativa e responsabilização proativa: novos instrumentos de tutela da pessoa humana na LGDP. *In:* Cadernos Adenauer. 20 (3). 113-135. Rio de Janeiro: Fundação Konrad Adenauer.

Moraes, M.C.B. (2019) LGPD: um novo regime de responsabilização civil dito "proativo". Editorial à Civilistica.com. 8(3), 1-6, Disponível em: <http://civilistica.com/lgpd-um-novo-regime/>. Consultado em: 02 de julho de 2020.

Netter E. (2019) Le modèle européen de protection des données personnelles à l'heure de la gloire et des périls, *In* Netter E. (org) Regards sur le nouveau droit des données personnelles. Collection Colloques. Amiens, France: CEPRISCA. Consultado em: https://hal.archives-ouvertes.fr/hal-02357967 Acesso em: 16.jun.2020

Netter, E., Ndior, V., Puyraimond, J.F., Vergnolle, S. (2019) Regards sur le nouveau droit des données personnelles. Centre de droit privé et de sciences criminelles d'Amiens. https://hal.archives-ouvertes.fr/hal-02357967

Pereira de Lima, C. R., Moraes, E. P., & Peroli, K. (2020). O necessário diálogo entre o Marco Civil da Internet e a Lei Geral de Proteção de Dados para a coerência do sistema de responsabilidade civil diante das novas tecnologias. *In* Martins, G.M. & Rosenvald, N. (org.). Responsabilidade Civil e Novas Tecnologias. (145-162) Indaiatuba, SP: Foco.

Pinheiro, P.P. (2018) Proteção de Dados Pessoais - Comentários à Lei 13.709/2018 LGPD. São Paulo: Saraiva.

Pinheiro, P.P. (2020) Proteção de Dados Pessoais (2ª ed.). São Paulo, SP: Saraiva

Poel, I.V. (2020) Core Values and Values Conflicts in Cybersecurity : beyond privacy versus security *In* Christen, M., Gordijn, B., Loi, M. (org.). The Ethics of Cybersecurity. (45-72). Cham, Switzerland : SpringerOpen.

Posner, R. A. (1981) The Economics of Justice. Cambridge, MA: Harvard University Press.

Posner, R. A. (2014) Economic Analysis of Law 9ª ed. New York, USA: Wolters Kluwer L&B.

Queiroz, J.Q. & Souza E.N. (2018) Breves notas sobre a responsabilidade civil dos provedores de aplicações de Internet na perspectiva civil-constitucional. Revista de Direito, Governança e Novas Tecnologias 4 (2), 61 - 82. http://dx.doi.org/10.26668/IndexLawJournals/2526-0049/2018.v4i2.4684

Revell, T. (2018) How Facebook let a friend pass my data to Cambridge Analytica. New Scientist issue 3174 – 21APR. Consultado em: https://www.newscientist.com/article/2166435-how-facebook-let-a-friend-pass-my-data-to-cambridge-analytica/

Ruiz, E. S. (2020). Anonimização, Pseudonimização e Desanonimização de Dados Pessoais. *In* Lima, C.R.P. (org.). Comentários à Lei Geral de Proteção de Dados. (101-122) São Paulo: Almedina.

Safari, B.A. (2017) Intangible Privacy Rights: how Europe's GDPR will set a new global standard for personal data protection. Seton Hall Law Review: Vol. 47(3) 809-848.

Salama, B.M. (2017) Estudos em direito & economia: micro, macro e desenvolvimento [livro eletrônico]. Curitiba, PR: Editora Virtual. Consultado em: http://editoravirtualgratuita.com.br/publicacoes/estudos-em-direito-e-economia/

Sarlet, G. B. S. (2020) Notas sobre a Proteção dos Dados Pessoais na Sociedade Informacional na Perspectiva do Atual Sistema Normativo Brasileiro. *In* Lima C.R.P (org.). Comentários à Lei Geral de Proteção de Dados (19-38). São Paulo, SP: Almedina.

Schwab, K.M. (2017) The Fourth Industrial Revolution. New York: Random House LLC.

Smyth, S.M. (2019) The Facebook Conundrum: Is it Time to Usher in a New Era of Regulation for Big Tech. International Journal of Cyber Criminology 13(2) jul-dec, 578–595.

Supreme Court Of The United States, *Carpenter v. United No. 16-402, 585 U.S. ____ (2018).*

Teffé, C. S., & Souza, C. A. (2019). Responsabilidade civil de provedores na rede: análise da aplicação do Marco Civil da Internet pelo Superior Tribunal de Justiça. Revista IBERC 1(1), 01-28.

Teixeira, T., & Armelin, R. G. (2020). Responsabilidade e Ressarcimento de Danos por violação às regras previstas na LGPD: um cotejamento com o CDC. *In* Lima, C.R.P. (org.). Comentários à Lei Geral de Proteção de Dados. (297-326) São Paulo: Almedina.

Toffler A. (1980) The Third Wave. New York, USA: Bantam Books.

Toffler A. (1990) Powershift: Knowledge, Wealth and Violence at the Edge of the 21st Century. New York, USA: Bantam Books.

Touraine, A. (1969) La société post-industrielle: naissance d'une société, Paris: Denoël.

Truli, E., (2018) The General Data Protection and Civil Liability, Chapter 12 *In*: Mohr Backum et al. (org.). Personal Data in Competition, Consumer Protection and Intellectual Property: Towards a Holistic Approach? (303-329) Cham, Switzerland : Springer Verlag

Vainzof, R. (2018) Dados pessoais, tratamento e princípios. *In* Maldonado V.N. & Blum R.O. (org.). Comentários ao GDPR: Regulamento Geral de Proteção de Dados da União Europeia. (37-84). São Paulo: RT.

Webb, A. (2019) The Big Nine: How the Tech Titans and Their Thinking Machines Could Warp Humanity. New York, USA: PublicAffairs.

Wilde, M.L (2019) Railway Sparks: Technological Development and the Common Law, American Journal of Legal History, Volume 59, Issue 4, Dec 2019, (444–512).

www.ingramcontent.com/pod-product-compliance
Lightning Source LLC
Chambersburg PA
CBHW071700210326
41597CB00017B/2255